《神奇的科学奥秘》编委会

材料科学的奥秘

中国社会出版社

国家一级出版社 ★ 全国百佳图书出版单位

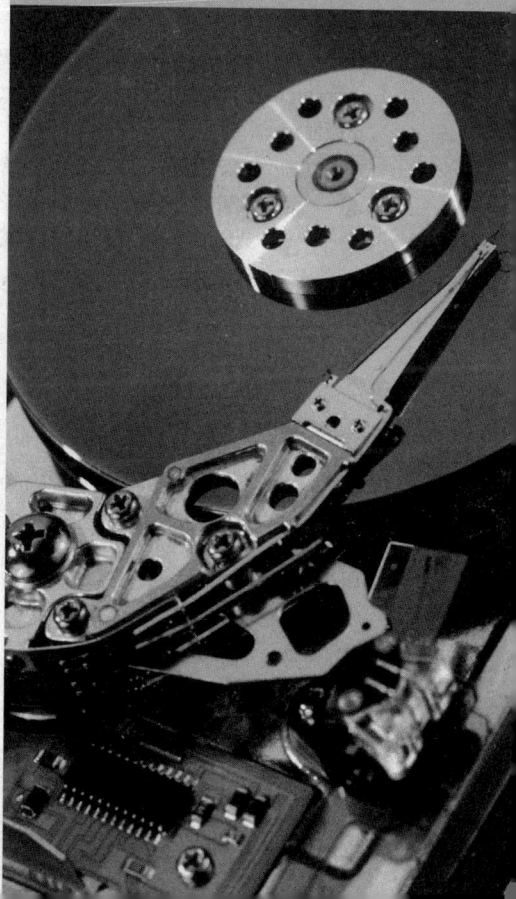

图书在版编目（CIP）数据

材料科学的奥秘 /《神奇的科学奥秘》编委会编著.
—北京：中国社会出版社，2016.5
（神奇的科学奥秘）

ISBN 978-7-5087-5322-5

Ⅰ．①材…　Ⅱ．①神…　Ⅲ．①材料科学—青少年读物
Ⅳ．① TB3-49

中国版本图书馆 CIP 数据核字（2016）第 084914 号

书　　　名：材料科学的奥秘

编 著 者：《神奇的科学奥秘》编委会

出 版 人：浦善新
责任编辑：侯　钰
图片来源：国务院新闻办图片库（China Foto Press）

出版发行：中国社会出版社　　　　　　邮政编码：100032
通联方法：北京市西城区二龙路甲 33 号
电　　话：编辑部：（010）58124865
　　　　　邮购部：（010）58124848
　　　　　销售部：（010）58124845
　　　　　传　真：（010）58124856
网　　址：www.shcbs.com.cn
　　　　　shcbs.mca.gov.cn
经　　销：各地新华书店

中国社会出版社天猫旗舰店

印刷装订：北京佳顺印务有限公司
开　　本：160mm×230mm 1/16
印　　张：16.5
字　　数：200 千字
版　　次：2016 年 9 月第 2 版
印　　次：2016 年 9 月第 1 次印刷
定　　价：35.80 元

中国社会出版社微信公众号

童年时代的夏夜，我和小伙伴们常常躺在家乡的草垛上，仰望着美丽的星空，偶尔还能看见流星划过，那时的欢呼与过后的惊诧至今历历在目。冬天的早晨，我们则常常流连于冰雪覆盖的小路，经常由于堆雪人和打屋檐的冰凌而忘记了上学。当然，春天和秋天对于孩子们来说，更是大自然赐予最慷慨、最丰厚的时候。无论是春花的烂漫还是秋果的诱人，至今都是我心中最温暖的回忆。

随着年岁的增长，许许多多扑朔迷离的超自然现象，构成了一个又一个神秘莫测的奥秘。自然界的事物不再只是心头美丽的驻足，而是慢慢地变成了诸多诱发我去探索的动力。幸好，学校的理、化、生等课程给了我一些答案。但是，仅仅局限于课本的知识显得十分有限。幸亏，阅读课外书籍给了我巨大的帮助。现在想来，课外阅读是何等重要啊！

人们带着诸多疑问，不断地对它们进行认识和研究，渴求破译这充满超自然现象的世界。茫茫宇宙中是否还存在其他智慧生物？如何科学地解释人体与自然的离奇现象？我们相信只要认识到它的存在，通过大胆的探索，去辨别真伪，就一定会揭开它那奇特而又神秘的面纱。

我们把这些奇特的想象汇集起来，编撰成册，希望它能让读者全面了解大千世界的神奇，从中有所收获。

每天，只要你勤于思考，你就会发现似乎有无数的奥秘需要我们去探索。当你了解了一些奥秘的时候，你会发现自己突然拥有快乐的感觉；当你继续思考的时候，你很快就会发现自己的知识还远远不够。你是否已经感觉到，课本已经很难满足我们对于科学的渴求，越来越多的新知识、新技术让我们感到眼花缭乱，不知所措？面对着这样的困惑，要是有一本图文并茂、简洁明快的科普图书给我们课外阅读该有多好啊！

《神奇的科学奥秘》就是这样一套专门拓展中学生科学视野，提高科学素养的图书。让我们沉醉于神奇、瑰丽的大千世界之中，感受科学技术的强大威力，从而启迪智慧，丰富想象，激发创造，培养青少年热爱科学、献身科学的决心，以及热爱人类、保护环境的爱心。

丛书紧密结合当前中学教材中涉及的科学知识，从物理、化学、生物、地理、天文、材料、医学、能源、环境、航空航天等多方面集中介绍相关知识。在这里，自然的奥秘不再神秘，科学成为认识奥秘的金钥匙。

丛书以最新的科学进展为基础，用科学的思维方法去探究、解说神奇的自然现象。书中所介绍的知识既与课本有一定的联系，但是又有别于课本，它们是课本知识的有机延伸，更是了解现代科技发展的窗口。书中还特别收录了中国科学技术的一些重大进展，我们读到这些文章的时候，一定能够产生强烈的民族自豪感。

浏览本书你还会发现，不少的文章透露出浓浓的浪漫主义情怀。自然科学与人文科学原来可以如此淋漓尽致地散发出无穷的魅力。自然奥秘给了人类无穷的想象，也给人类的艰苦探索提供了平台。科学的魅力则是听不见却充满诱惑的旋律，它时时在触动我们的心弦。作为一个年轻的学子，如果你拥有了探索的明眸，充满了求知的渴望，那么此书就是你探秘世界的引路者。

其实，人的一生要经历很多的事情，要经受住各种考验，有些考验甚至直接影响到自身的生存与发展。不断补充知识、努力提高自身的综合素质，就是应对各种考验的良好方法。新时代带给年轻学子们的将是无穷的机遇，与之相伴的还有艰难的挑战。我们在保证课堂学习的同时，应开始有意识地增加课外阅读，拓宽知识的视野，做个走在时代前沿的主人。

人类总是在不断突破自然和人自身的局限中前进，人类的解放也是在不断的探索中逐步得以实现的。我们需要用发展的眼光审视自我，用新鲜的知识武装头脑，为今后在社会中实现自己的价值打下坚实的基础。

年轻的朋友们，让本书为你们的梦想插上科学的翅膀吧！

《神奇的科学奥秘》编委会

目

CONTENTS

录

第一篇　半导体材料

目 录
CONTENTS

第二篇　信息材料

第三篇　复合高分子材料

第四篇　金属和其他常规材料

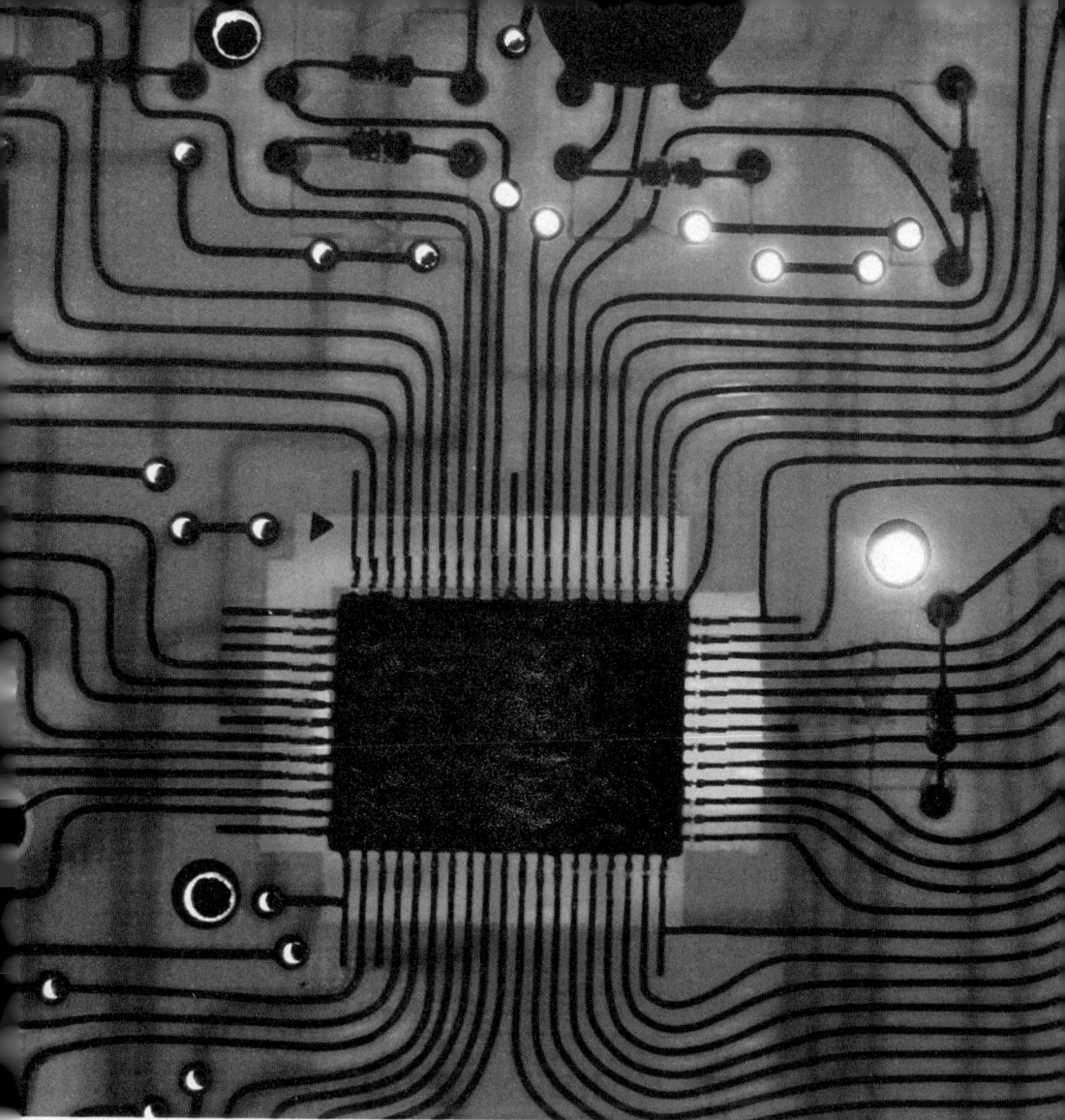

第一篇 半导体材料

半导体之母——锗

1886 年，德国化学家温克勒尔利用光谱分析方法发现了一种"类硅"元素，给它取名为"锗"。它的性质既像金属，又像非金属，被人们称为"半金属"。在导电方面，锗不如一般金属，却优于一般非金属，被称为"半导体"。锗是浅灰色的金属，却具有一些非金属的性质。锗晶体里的原子排列跟金刚石相似，就像金刚石那样硬而脆。

锗在地壳中的含量约为一百万分之七，比金、银、铂要多得多。但由于分布很散，没有单独的矿床，所以，锗属于稀散金属，在自然界，主要含锗矿有锗石、硫铜铁锗矿、硫银锗矿等，在闪锌矿和煤矿里也含有锗。工厂的烟道灰里，每吨往往含有 1~10 千克锗。现在，我国各地工厂普遍使用烟道除尘技术，一方面可以洁净环境，另一方面又可从烟道灰中提炼出锗来，可谓一举两得。在锗发现后的半个世纪里，它一直没有受到人们的重视，当然也就谈不上应用它了。

在第二次世界大战中，雷达和一些通信设备需要一种能够在短波和超短波范围工作的检波器。由于真空管不能满足这一要求，这就促使科学家研究晶体检波器。这时人们发现，锗具有优良的半导体性能，特别适合做半导体材料。1947 年 12 月 23 日，美国的布拉坦和肖克莱、巴丁发明了世界上第一支晶体管后，许多科学家投入了研制晶体管的工作。而锗材料就是锗晶体管的物质基础。

可是，要把锗用作半导体，纯度必须保持在 99.99% 以上，否则就不可能实现大批量的工业生产，发明晶体管也就化成了泡影。1948 年，贝尔电话实验室的科学家蒂尔制出了第一锭锗单晶。而在 1952 年，他们实验室的青年科学家浦凡创造了"区域熔化"方法，巧妙地解决了锗材料提纯的问题。实际生产中常用几个高频感应线圈排成一长串，产生一列互相隔开的熔区。它们经过锗锭一次，就相当于几次提纯，使提纯的效率大为提高。浦凡用 6 个熔区经过锗锭，使它的纯度在 99.9999999%~99.99999999% 之间。现在，科学家又制得纯度高达 11 个 "9" 的纯锗，这个纯度相当于达到了 1000 亿个锗原子中，只混进了一个杂质原子。这简直就是人造材料提纯历史上的一个奇迹。

从 20 世纪 40 年代到 60 年代，由于半导体的发现和应用，开辟了电子器件微型化的道路，这是电子技术的一大飞跃。而锗则成为制造半导体器件的主要材料，用来制造晶体管、整流管（二极管）和晶体放大管（三极管）。锗还有很多优点，如体积小，构造简单，耐震动和撞击，耗电省，成本低，寿命长。

到了 20 世纪 60 年代，由于硅材料的快速发展，在制造半导体器件中又出现了硅半导体。它体积更小，效率更高，寿命更长，因此锗只能退居第二位了，不过锗的某些性能仍比硅优良，所以仍然在半导体领域里保持着一定地位。在电子计算机、雷达、火箭、导弹、导航控制设备、电子通信以及自动化设备中，锗仍被广泛地应用着。

当温度变化的时候，锗的电阻会发生灵敏的变化。人们就利用锗的这种特性制造了"热敏电阻"，来测量物体的温度的变化情况。而且还在玻璃和石英上涂一层锗，制成电阻，用于光电管和热电耦中。

锗在 700℃ 时，才同氧发生作用，生成二氧化锗。它是白色的，几乎不溶于水，却易溶于强碱溶液中。二氧化锗可以制造透明而折射率很强的玻璃。氢氧化锗呈褐色，是典型的两性化合物：既溶于强酸、也溶于强碱溶液。

相信不久的将来，人们对它的认识会越来越深，半导体也会给人们带来更多的好处。

太阳能电池

我们在很多居民楼的屋顶都可以看见一排排人字形的太阳能热水器，这也构成了城市空中一道独特的风景线。人们安装了太阳能热水器以后，家里的热水"滚滚来"，既方便又快捷，还省下不少煤气费、电费。利用太阳能来获取热量，只是人类开发和使用太阳能资源的一种方式。

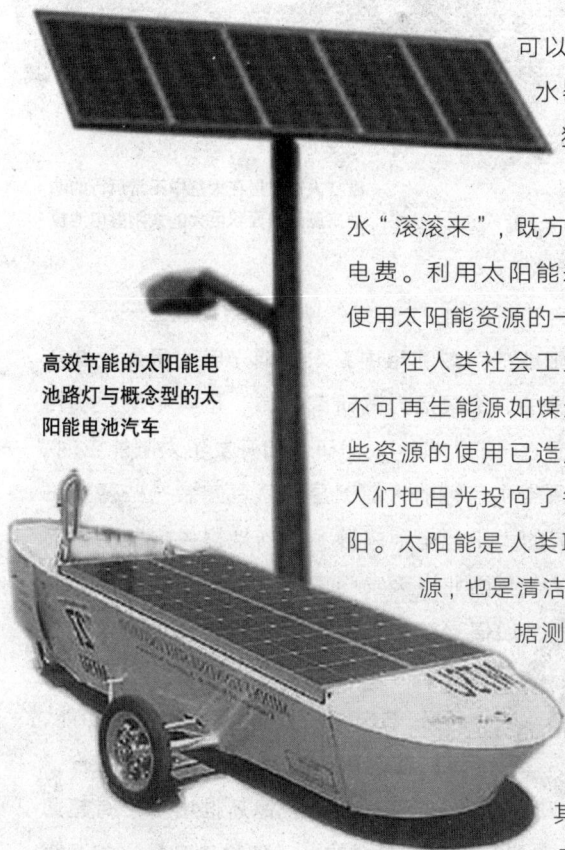

高效节能的太阳能电池路灯与概念型的太阳能电池汽车

在人类社会工业化的进程中，地球上大量的不可再生能源如煤炭、石油等日益减少，而且这些资源的使用已造成了严重的环境污染。于是，人们把目光投向了每天给予我们光明和温暖的太阳。太阳能是人类取之不尽用之不竭的可再生能源，也是清洁能源，不产生任何的环境污染。据测算，太阳在一年内可以产生出 3.8×10^{23} 焦尔的太阳能，相当于现在整个地球上人类所使用的总能量的 6×10^5 亿倍。其中约有 1/22 亿的太阳能辐射到地球上，相当于现在地球上人类所使用的总能量的 3 万倍。太阳能电池是人类利用太阳能的一种装置，它是利用光伏特效应将太阳光直接转变成电能来供人们使用的，只有当太阳光照射时才能发电，因此，必须有一个蓄电池来储存电力。常用的一种光电池就是硅电池，其光电转换效率可达 11%~14%。此外，还有硫化镉电池、砷化镓电池、碲化镉电池等。使用太阳能电池的设备也日益增多，像电子计算器、手表、无线电话、收音机、录音机等，而且商用太阳能电池的价格已降至每瓦 4 美元以下。如今，太阳能电池的应用越来越广泛，前景越来越光明。太阳能汽车、太阳能电池发电、太阳能飞船、太空太阳能电站等利用太阳能的研究受到世界各国和地区的普遍重视，是一些国家和地区今后能源领域中的重点发展方向。有专家预测，太阳能电池将成为 21 世纪的重要电力来源之一。

维持人造卫星在太空中正常运行的动力来源是这面积巨大的太阳能电池板

在太阳能的有效利用中，太阳能光电利用是近些年来发展最快、最具活力的研究领域，是其中最受瞩目的项目之一。为此，人们研制和开发了太阳能电池。在太空中运行的人造卫星，就是安装一些薄如纸板的太阳能电池来源源不断地提供电能的。而在我国北京天安门广场上新出现的太阳能交通信号灯和上海松江街头新亮起的太阳能路灯，与普通信号灯、照明灯相比，更环保、节电，而且因为其具有蓄电功能，即使在阴雨天和晚上也能正常工作。

目前，国外一家公司还推出了带有超薄和超轻太阳能电池的一系列移动产品，如调频收音机、CD 播放机、无线耳机、掌上电脑等，让您边走边用，还不必担心电被用完。

玻璃封装的晶体硅太阳能电池

我们设想一下，若在屋顶上排满太阳能电池板，那不就可以实现家中用电的自给了吗？但是目前，太阳能电池在世界范围内的年发电量不过几个兆瓦。虽然它比其他能源有较多优势，但还没得到普及，其中主要的原因就是因为成本太高，太阳能发电的成本大约是生物质气化发电（沼气发电）的7~12 倍，风能发电的 6~10 倍。

那么，太阳能电池的成本究竟高在哪里呢？主要是太阳能电池的材料是由半导体组成的。硅（Si）是最理想的太阳能电池材料，目前市场上 80% 以上的太阳能电池都是用硅来制成的，其中又分为单晶硅、多晶硅、非晶硅。其中，单晶硅太阳能电池转换效率无疑是最高的，在大规模应用和工业生产中仍占据主导地位。但由于受单晶硅材料价格及相对的烦琐的电池工艺影响，致使单晶硅成本价格居高不下，要想大幅度降低其成本是非常困难的。为了节省高质量材料，寻找单晶硅电池的替代产品，现在发展了薄膜太阳能电池，其中多晶硅薄膜太阳能电池和非晶硅薄膜太阳能电池就是典型代表。此外还有化合物半导体如砷化镓、碲化镉等。当这些材料制作廉价太阳能电池的技术取得突破后，利用太阳光来发电这项新技术就将获得广泛应用，从而就能缓解目前电力短缺的问题。

树脂封装的晶体硅太阳能电池

太阳能电池在受到阳光或灯光的照射后，怎么能够产生电流呢？原来，太阳能电池的表面是由两个性质各异的部分组成的。当太阳能电池板受到光的照射时，能够把光能转变为电能，使电流从一个方向流向另一个方向。为了使太阳能电池尽可能多地吸收太阳光，一般在它的上面都蒙上了一层防止光反射的膜，使太阳能电池的表面呈蓝紫色，这样就有更多的光能转变为电能。

目前，科学家们正在加紧研制更廉价的太阳能电池，相信在不久的将来，太阳能电池将被人们普遍使用。

半导体材料的研究与发展

半导体工业是近 50 年内发展起来的新兴产业，其发展速度惊人，而且改变了整个世界。我国半导体材料经过多年的研究和开发，也具备了相当的基础。特别是在改革开放以后，我国半导体材料得到了迅猛的发展，除满足国内市场外，一些材料还陆续进入国际市场。

半导体材料的发展历程

一种新型半导体材料的研究和突破，常常会导致新的技术革命和新兴产业的发展。继第一代半导体材料（以硅基半导体为代表）和第二代半导体材料（以砷化镓和磷化铟为代表）之后，以氮化镓为代表的第三代半导体材料，是近 10 年发展起来的新型宽带半导体材料。作为第一代半导体材料，硅半导体材料及其集成电路的发展导致了微型计算机的出现和整个计算机产业的飞跃，并被广泛应用于信息处理、自动控制等领域，也对人类社会的发展起到了极大的促进作用。硅半导体材料在微电子领域中得到了广泛应用。

后来，随着以光通信为基础的信息高速公路的崛起和社会信息化的发展，以砷化镓和磷化铟半导体激光器为代表的第二代半导体材料，成为光通信系统中的关键元器件。同时，砷化镓高速器件也开拓了移动通信产业。

第三代半导体材料的兴起，是在氮化镓材料掺杂为突破的基础上，以研制成功的高效率蓝绿光发光二极管和蓝光半导体激光器为标志的。第三代半导体材料将在光显示、光存储、光照明等领域大显身手。比如用高效率蓝绿光发光二极管制作的超大屏幕全色显示，可用于室内外各种场合的动态信息显示，使超大型、全平面、高清晰、无辐射、低功耗、真彩色大屏幕显示领域也占相当大的比重。高效率白光发光二极管作为新型高效节能固体光源，使用寿命达 10 万小时，比我们用的白炽灯节电 5~10 倍，达到了节约资源、减少环境污染的双重目的，相信这种新型高效节能光源的面世，必将在世界范围内引发一场照明电光源的划时代的深刻革命。若用蓝光半导体激光器来制作下一代双面双层 DVD，容量高达 18G，比现在的 CD 光盘存储密度高 20 倍以上。

此外，氮化镓材料宽带隙的特点也保证了它在高温、大功率以及紫外光探测器等半导体器件的应用前景。它具有高可靠性、高效率、快速响应、长寿命、全固体化、体积小等优点。这使得它在宇宙飞船、火箭羽烟紫外辐射探测、大气探测、火灾预警等领域内发挥重大作用。预计，在未来 10 年里，氮化镓材料将成为市场增幅最快的半导体材料，占卤化合物半导体市场总额的 20%。同时，作为新型光显示、光存储、光照明、光探测器件，它还可以促进相关设备、系统的新产业的形成。

当前半导体材料的研究热点和趋势

当前半导体材料的研究主要集中在氮化镓材料的生长研究、材料基本物理参数的测定、材料物理性质的研究，以及各种新器件的设计和应用研究。材料生长研究包括各种外延生长研究和体单晶的生长研究。目前应用最广的是有机金属气相外延（MOCVD）的生长方法，可生长高质量薄膜材料、量子阱异质结构材料和各种器件结构。蓝绿发光二极管和激光器基本都是采用该方法制作的。

卤化物气相外延（HVPE）生长速率高，可用于制作外延衬底以进一步提高有机金属气相外延生长材料的质量。氮化镓体单晶的生长研究难度较大，但这是一种非常重要的研究方向，氮化镓材料器件的充分优化和发展，有可能依赖于体单晶制作的外延衬底。因为氮化镓材料是一种新型的半导体材料，很难获得高质量的单晶材料，它的许多基本物理参数尚未测定，还有许多物理性质尚未开发出来。如能充分了解氮化镓材料的各种光学性质、电学性质、力学性质以及各种化学性质，将有助于充分利用这些性质来优化那些应用器件的设计，开发新型器件，甚至开发出新的高技术应用领域。目前氮化镓器件的研究包括蓝绿发光二极管和蓝光激光器，可见光盲紫外探测器、高频大功率场效应晶体管，以及应用于高温及恶劣环境的器件。

纵观半导体技术的发展历史，我们不难看出，这门技术仍然生机勃勃、方兴未艾，而且已成为未来信息社会的支柱产业，更是衡量一个国家综合国力的重要因素，备受世界各国的关注。可以预见，半导体技术将会以迅猛的速度向前发展。

灵敏的人工鼻——半导体气敏陶瓷

气敏陶瓷有两项特殊的本领，其一是能吸附大量气味；其二是吸附气体后会引起电导值的变化，例如当遇到可燃、易爆、有毒气体时，产生电导率变化，可产生电流，提示人们警惕，一旦气体消散，它的电导值恢复正常，所以科学家利用气敏陶瓷制造出一种叫"电子鼻"的仪器。

二氧化锡和氯化钯混合后研磨，它颗粒极细，吸附气体能力极强，它还具有半导体性质，吸附气体的多少，可随时改变导电率，所以，首先用作"电子鼻"元件。后来，人们已合成数十种气敏陶瓷，各种不同结构的气敏陶瓷，可吸附和分辨不同气体，具有高度选择性。

我国是世界上最大的产煤大国，拥有一支全球最大的采煤工人队伍，煤矿矿井发生的瓦斯爆炸事故常常给国家、企业和家庭造成了重大的生命财产损失。每年因为瓦斯爆炸所造成的直接损失达 1000 多亿元。

后来，科学家研制出了专门探测、预报和监控这些有毒、易燃、易爆气体的"人工鼻"。它的学名叫气敏检漏仪，它的"鼻子"是一块"半导体气敏陶瓷材料"。这种半导体气敏陶瓷是用二氧化锡、氧化铁、氧化钨、氧化铝、氧化锌等陶瓷材料经压制烧结而成的。它们通过有选择地吸附气体，使半导体气敏陶瓷的表面状态发生改变，从而引起它的电阻等物理化学性质的变化，以此确定某种未知气体及其浓度。当探测到某种气体时，气敏检漏仪就会自动发出警报。

如氧化锌半导体气敏材料可检测氢气、氧气、乙烯和丙烯气体；在半导体气敏陶

工人正在用气敏仪检测管道是否漏气

瓷中掺入铂作催化剂时，可以检测乙烷和丙烷等烷烃类可燃性气体；氧化锡气敏材料可检测甲烷、乙烷等可燃性气体；氧化铱系列材料则可以用来测量氧分压。

还有一种应用半导体气敏陶瓷材料制成的"人工鼻"，这种"人工鼻"的灵敏度非常高，可分辨氢气、一氧化碳、氟利昂、苯等约100多种气体。当这些气体在空气中占十万分之一到百万分之一的浓度时它也能检测出来。此外，这种"人工鼻"还具有响应快、稳定性好

矿山上使用的小巧玲珑的便携式气敏仪，用于测试对人体有害的有毒气体

等优点，因此，用气敏陶瓷制作的"电子鼻"，在对一氧化碳、乙醇、煤气、烷烃、氢气、二氧化硫、氟利昂和苯等有毒、易燃、易爆气体的检测方面得到了广泛的应用。

这种"人工鼻"，一问世就备受人们的青睐。因为只要空气中有害气体超标，就会发出警报，人们就可以采取通风、检漏、堵漏等措施化险为夷，使生命财产得到保障。它被广泛应用于煤矿开采中的瓦斯浓度监测，煤气输送和化工生产中防止管道气体泄漏，以及工厂车间、石油化工厂、造船厂、矿井隧道、浴室、厨房等处的可燃性气体和有毒气体的监测和报警等。

另外，科学家已发明了一种可以检查海洛因、鸦片、大麻等毒品的"电子鼻"，使"电子鼻"也参加了禁毒行动。这种"电子鼻"灵敏度很高，它像地雷探测器那样，只要放在包裹上，如果有毒品，"电子鼻"就会进行提示。

由于，每个人的身体都有自己特有的气味，"电子鼻"还可以参与协助公安局破案和捕捉逃犯。可以把"电子鼻"的分辨率提高到狗鼻那样灵敏，甚至还会超过它。这样，"电子鼻"就可代替警犬来协助破案，捕捉逃犯了。

"电子鼻"只是气敏陶瓷应用的一个方面，更多应用项目还有待于大力研制开发，让我们拭目以待，相信它会在我们的生活中占据越来越重要的地位。

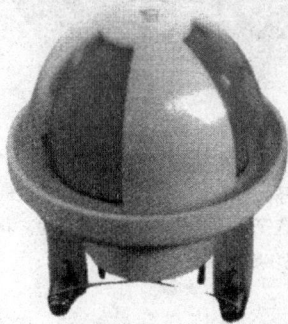
外形美观可爱的气敏仪

信息社会的宠儿——稀磁半导体材料

　　许多太阳能电子产品的出现极大地改变了人们今天的生活，同时也标志着人类社会进入了高度发达的信息化时代。可你是否知道，它们是靠什么来实现其神奇功能的呢？在生活中，几乎所有的电子产品都是以半导体材料为载体，而且这些产品都充分地利用了"小小"电子的特性。我们知道，物质由原子组成，原子由原子核和电子组成，电子带负电荷，电子的运动可以形成电流，电流的通和断可以用两种逻辑状态"是"与"非"表示，这也正好对应二进制中的0和1。晶体管就是利用了电子的这种特性，而计算机的"大脑"——CPU（中央处理单元），则是集成了几百万甚至数以亿计的晶体管来进行数据处理的。其实电子的"年龄"并不大，它是英国物理学家汤姆逊1897年在实验中发现的。仅100多年的时间，人类就因为它的发现而有了神奇的变化。

　　电子不仅具有电荷属性，而且还具有另外一个非常重要的属性，那就是自旋。电子的这一属性是在19世纪20年代中期提出的，是英国伟大的理论物理学家保罗·狄拉克提出了用相对论性的波动方程来描述电子，解释了电子的自旋。

　　当代和未来都是信息主宰的社会，

保罗·狄拉克（1902~1984）
　　提出了二次量子化理论，1928年建立了相对论性量子力学方程，随后又提出了空穴假说，正确预言了正负电子对的湮没和产生。获1933年诺贝尔物理学奖

信息的处理、传输和存储要求空前的规模和速度。以半导体材料为支撑的大规模集成电路和高频率器件在信息处理和传输中扮演着重要的角色。在这些技术中它们都极大地利用了电子的电荷属性；而信息技术中另一个不可缺少的方面——信息存储（如磁带、光盘、硬盘等）则是由磁性材料来完成的，它们极大地利用了电子的自旋属性。然而人们对于电子电荷与自旋属性的研究和应用是平行发展的，而且彼此之间相互独立。如果能同时利用电子的电荷和自旋属性，无疑将会给信息技术带来崭新的面貌，稀磁半导体（Diluted Magnetic Semiconductors，简称：DMS）就可以实现上述功能，并且由此产生了一门新兴学科，即自旋电子学（Spintronics）。稀磁半导体材料可同时利用电子的电荷和自旋属性进行信息处理和存储，可使计算机的结构更加简化，功能更加强大。我们可以想象一下未来计算机的造型：计算机的 CPU 不仅可以处理数据，还可以存储大量数据。此外，稀磁半导体材料还具有优异的磁光、磁电性能，在光隔离器、磁感应器、高密度非易失性存储器、半导体集成电路、半导体激光器和自旋量子计算机等领域有着非常广阔的应用前景。

那么，怎么来实现半导体材料的稀磁性呢？常见的半导体材料都不具有磁性，像硅、锗、砷化镓、氮化镓、氧化锌等，而具有磁性的物质锰、铁、钴、镍及其化合物又不能很好地与半导体材料相容。但这些技术上的难题，是难不倒科学家们的，在如 GaAs、GaN、ZnO 等化合物半导体中部分地引入磁性过渡金属元素（Mn、Fe、Co、Ni 等）取代非磁性阳离子（Ga^{3+}、Zn^{2+} 等），就能制备出稀磁半导体材料了。

稀磁半导体材料可广泛应用于未来的自旋电子器件。人类已经提出了几种自旋电子器件的结构，如自旋阀（SpinValve）、自旋场效应晶体管（Spin-FET）、自旋发光二极管（Spin-LED）等。

与传统的半导体器件相比，用稀磁半导体材料支撑的自旋电子器件又有哪些优点呢？

第一就是耗能低：改变单个电子的自旋状态所需的能量，仅仅是推动电子运动所需能量的千分之一。

第二是速度快：半导体材料是基于大量的电子运动，它们的速度会受到能量分散的限制，而自旋电子器件是基于自旋方向的改变以及自旋之间的耦合，它可实现每秒变化 10 亿次的逻辑状态功能，所以自旋电子器件消耗的能量更低，这样就可以达到更快的速度。

第三是体积小：半导体集成电路的特征尺寸是几十纳米，而自旋电子器件的特征尺寸只有几纳米。由于耗能低，它的发热量微乎其微，这就意味着自旋电子器件的集成度更高、体积更小；另外，自旋电子器件还具有非易失性，当电源（磁场）关闭后，自旋状态不会变化，它的这种特性可以用在高密度非易失性存储领域。我们可以设想一下这种场景，计算机即使在电源故障时也不会丢失数据，只需要按一下电源开关，就可以立即从上次关机的状态开始。

如今，很多科学家预言：自旋电子器件是 21 世纪最有前途的电子产品之一。随着科学家们对稀磁半导体材料不断地开发和应用，一定会诞生出更多更好的电子产品，人类的生活也将因此变得更加绚丽多姿。

半导体材料中的后起之秀

作为半导体材料中后起之秀的砷化镓，具有比硅更优异的特性，正发挥着越来越重要的作用。因此，它是继硅之后研究最深入、应用最广泛的半导体材料。

由于砷化镓禁带宽度宽、电子迁移率高，而且由于砷化镓的光电特性优异，即在光线照射或施加电场时，会产生高效率的光发射，因而砷化镓不仅可直接研制光电子器件，如发光二极管、可见光激光器、近红外激光器、量子阱大功率激光器、红外探测器和高效太阳能电池等，而且在微电子方面，以半绝缘砷化镓（Si-GaAs）为基体，用直接离子注入自对准平面工艺研制的砷化镓高速数字电路、微波单片电路、光电集成电路、低噪声及大功率场效应晶体管，具有速度快、频率高、低功耗和抗辐射等特点，不仅在国防上具有重要意义，在民用和国民经济建设中更有广泛应用。

目前，砷化镓产品大约有 1/2 用于军事技术和航天技术，约 1/3 用于通信技术如移动电话、光纤通信，其余则用于计算机和测量系统。

光纤通信具有高速、大容量、传输业务信息多的特点，是构筑"信息高速公路"的主干，成为现代信息社会的支柱产业。而移动通信包括陆基、卫星移动通信及全球定位系统，最终实现在任意时间、任意地点与任何通信对象进行通信的理想境界，其市场容量十分巨大。光纤通信中，大于 2.5G 比特/秒的光通信传输系统，其光通信收发系统均需采用砷化镓超高速专用电路。光通信发展极为迅速，国外已从长途网扩展到办公室、扩展到家庭。我国"九五"规划以来已建立更多国家级干线、省级干线和地市级干线，对砷化镓超高速专用电路的需求急剧增加。

另外，还有一类 II~VI 族化合物，如氧化锌（ZnO）、硫化镉（CdS）、硒化镉（CdSe）等，也可以作为半导体材料。高温条件下的碳化硅、金刚石，则作为第三代半导体材料。

集成电路芯片的诞生

集成电路的使用越来越广泛，越来越接近我们的生活。常见的有家用电器、仪器设备、通信设施等，它们的"心脏"都是集成电路。

罗伯特·诺伊斯是集成电路的创始人。他获得美国麻省理工学院物理学博士学位以后，便加入了肖克莱在硅谷创建的半导体实验室"博士生产线"。他和12位博士一起进行半导体器件与工艺技术的研究，为硅谷的电子工业发展奠定了必要的基础。

常见的用于计算机的集成电路芯片

后来，以罗伯特·诺伊斯为首的8位博士离开了肖克莱的实验室，创办了"仙鹤公司"，开始设想对不用引线而且能代替电阻、电容功能的集成电路的研制。

终于，在1958年，他提出了有关集成电路的方案。当年德克萨公司的基尔比第一个用锗制成了集成电路。半年后，世界上第一块用硅制作的集成电路也创于罗伯特·诺伊斯之手。

研究集成电路，首先来看一下集成电路芯片的制作。它大致上要通过六个严格操作的程序。

一、新芯片的构思与设计。电路设计人员运用计算机、直观显示终端和光笔完成这一程序，并制备出代表各种电路的照相蒙片，送往硅晶片制造厂。

二、硅晶片的制造。硅单晶圆柱体被高速金刚钻锯逐层解开成为厚0.5毫米的硅晶片，然后在硅晶片表面形成一层二氧化硅膜，因为二氧化硅对某些杂质有扩散屏蔽作用。在二氧化硅层上开设一定的窗口，通过窗口可以扩散入一定的材料，以形成不同的电子元件。

三、硅晶片的光刻。硅晶片电路是一层一层地加工制作的，每一层都从设计好的照相蒙片中接受一个原型。首先在硅晶片上涂敷一层对紫外线很敏感的光致抗蚀剂，然后根据设计好的照相蒙片进行曝光，再用酸性溶液反复冲洗和加热即可制成复杂的电路。这是一个非常缓慢而又昂贵的过程。

四、在电路上制成不同的电子元件。如晶体管是将杂质或掺杂剂渗入形成 P-N 结，这样在硅晶片上就可以集成越来越密集的电子元件。

五、电性能检测。电路制作完成后，用一种由硅烷或氮化硅制成的绝缘胶膜将它密封起来，利用探针进行检测，除去有缺陷的硅晶片。

六、分割、包装。合格的硅晶片上的小方块被分割成芯片，装上引线后就可出售给用户了。

耐高温陶瓷材料

随着高新技术的迅猛发展，对能经受高温而又不氧化、且具有良好的耐蚀性及耐磨性的材料越来越需要。如磁流体发电的通导材料，既要能耐高温，又要能经受高温高速气流的冲刷，还要耐腐蚀。空间技术的发展，对航天器的喷嘴，燃烧室内衬，喷气发动机的机叶等

有耐高温陶瓷的喷气发动机的机叶

提出越来越高的要求。为此，耐高温陶瓷或高温涂层、金属陶瓷或各种纤维增强的复合材料在经济建设中发挥着越来越重要的作用。

一种集坚硬和耐高温两大优点于一体的超级陶瓷，在德国波恩的达姆施塔特技术大学研制成功。这种新的陶瓷可耐高温1600℃，广泛应用于发动机、汽轮机制造及航天航空工业。制造这种超级陶瓷的材料是一种以硅为基础的塑料，其晶体结构是由硅和氨原子交互而成。在进行高温处理后，这种材料就变成了氨化硅和金刚砂的混合物，表面形成了一层氧化硅，可防止进一步的氧化。

　　还有一种新型耐高温陶瓷绝缘材料。在以色列，研究人员已开始小规模生产。这种材料可能会替代目前使用的石棉和其他具有潜在危险的陶瓷纤维。该材料是一种陶瓷泡沫，内含94%~96%的空气，可以耐1700℃的高温。这种新型泡沫的成分是氧化铝——一种普通的耐高温陶瓷，但它超常的绝缘能力源于材料内部的许多小气泡。这种气泡还可用于其他的用途，例如隔音和吸收空气中的污染物。由此可见，高温陶瓷材料的熔点和硬度一般均比金属材料高，再加上具有良好的绝缘性和化学稳定性（特别是抗氧化性），所以它在许多高温技术的领域中得到广泛应用。新型的陶瓷泡沫所产生的尘埃与空气中常见的尘埃相似，因此不会造成与陶瓷纤维相同的危害。

　　陶瓷材料具有优异的耐腐蚀性（除氢氟酸和热浓碱外），不容易被氧化等，可作化工陶瓷材料。化工陶瓷一般使用温度在-15℃~100℃，冷热骤变温差不大于50℃，在化工、制药、造纸、食品等工业中，得到广泛应用。例如化工陶瓷可做成阀门、管道来代替一些金属，用于输送腐蚀性流体和含有固体颗粒的腐蚀性物料等。

　　另外陶瓷材料还具有许多优异的性能，但它的韧性小，脆性大，不抗冲击。为了增进陶瓷材料的性能，人们对其进行了改性，在此基础上制造出了很多复合材料。

　　近年来，全世界正在兴起一轮研究超高温超导陶瓷的热潮，随着一批高性能材料的应用，超高温超导陶瓷将在航空航天领域引发新的革命。

热传导材料

正因为物质是由分子组成的，所以当一物体的某个部分受热时，大量的热能一接触到物体就转为分子的动能，加大了分子的振动，热端高能振动的热分子不断与相邻的冷分子碰撞，并不断向这些冷分子传递能量，这些分子又依次碰撞与它相邻的冷分子并提供能量，热能就这样转为分子的动能，然后从高温部分向低温部分传递能量。当整个物体的分子动能都增加后，热就传遍整个物体，因此热量传递是以分子碰撞把能量从高温部分传递到低温部分。

热量的传递方式主要有三种：热传导、热对流和热辐射。物质本身或当物质与物质接触时，能量的传递就被称为热传导，这是最普遍的一种热传递方式。比如，CPU散热片底座与CPU直接接触带走热量的方式就属于热传导。热对流指的是流动着的流体（气体或液体）将热带走的热传递方式，在电脑机箱的散热系统中比较常见的是散热风扇带动气体流动的"强制热对流"散热方式。热辐射指的是依靠射线辐射传递热量，日常最常见的就是太阳辐射。

用石棉线编织成绳状，用于各种
热设备及热传导系统保温隔热材料

在日常的热量传递中，这三种散热方式都是同时发生，共同起作用的，并非孤立存在。

对热传导来说，自然界中的材料也有易传热和不易传热之分。如在寒冷的冬天骑自行车时，手握在金属部位就会觉得比握在车把上要凉些。难道它们温度不一样吗？车把部位的把套是用塑胶材料制造的，它的传热特性与金属材料车架相比有很大的差别。当手握在把套上时，手上的热量不能很快地被把套传走。相反，手握在金属表面时，手上的热量很快地被金属传走，这时手会感到握到车架或其他金属部件要比车把处要凉得多。由此可见，自然界中金属材料都是热的良导体，而非金属材料都是热的绝缘体，当然也包括气体。

一般用导热系数来描述材料的导热能力。金属中金、银、铜的导热系数在 330~360 之间，铝的导热系数是 200 左右，都是热的良导体。作为热的绝缘体的非金属材料中棉花、塑料、石棉、混凝土等导热系数都在 1 以下。液体的导热系数是 0.07 左右，气体的导热系数在 0.005~0.5 之间。

利用材料的传热特性制造出的保温建筑、服装和一些生活用品等，必将给人们的生活带来极大的方便。

帮集成电路"散热"的特殊材料

自从世界上第一台电子计算机（ENIAC）诞生后计算机的发展又相继经历了电子管、晶体管、集成电路和大规模集成电路阶段，目前已经发展到超大规模集成电路阶段，在米粒大小的硅片上，可以装15.6万只晶体管，放在显微镜下观察，它就像一座"电子城市"，那些密密麻麻的电路，就像一块块街区；纵横交错的导线就像一条条马路。科学家们推测，不久的将来，人们还有可能在米粒大小的硅片上制造几亿个晶体元件。

为了散发掉芯片工作时所释放的热量，在芯片上加装散热片、电风扇等机械装置

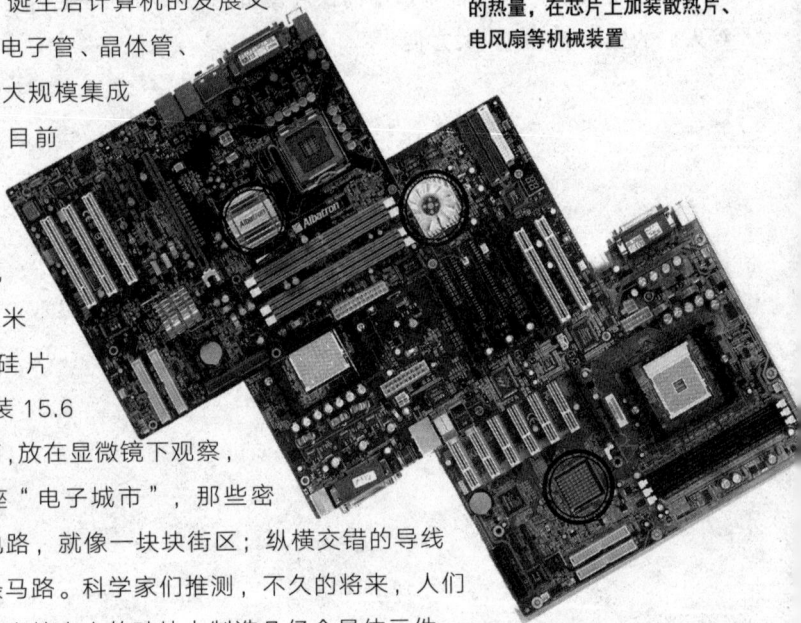

在计算机发展过程中，如何散热一直是令科学家大伤脑筋的问题。在高密度的集成电路"电子城市"里，散热问题显得尤其突出。经统计性分析表明，电子产品之所以失效，其原因55%是发热所造成的。如果让集成电路一直处于这种"高烧"状态，就会损坏集成电路里面的其他元器件，导致计算机工作不稳定、使用寿命缩短甚至直接导致元器件烧毁。要从根本上解决这个问题，必须寻找新的材料。为此，研究高散导率材料是解决电路散热问题的最有效途径。

集成电路的散热材料，一是要求它有高的导热性能，二是它要具有电绝缘性质。一般绝缘体的导热能力小，但也有例外，像金刚石，但它的价格却

是非常昂贵的，不可能把它大量用于集成电路材料；而氧化铍导热性能和电绝缘性虽然都不差，但它属于高毒性物质，对人体的危害极大。所以，目前用于制造高热导率电绝缘陶瓷材料的主要是几种氮化物陶瓷——六方氮化硼（HBN）和氮化铝（AlN）陶瓷。

这两种材料的热传导率之所以高，与它们的分子结构有关。由于它们的晶体结构简单，结构单元的原子种类较少，原子量或平均原子量又较低，这些就降低了对热量传导的干扰和散射，从而使热导率增加。

六方氮化硼陶瓷具有良好的介电性，特别是在高温下并不降低多少，是陶瓷中最好的高温绝缘材料。但要使它在大规模集成电路中得到广泛的应用，还有一个问题需要解决，那就是必须提高它的致密度。六方氮化硼陶瓷还被用来制作耐高温、高导热、高绝缘、耐腐蚀的部件，诸如火箭燃烧室内衬、宇宙飞船的热屏障。

而氮化铝是新一代高导热氮化物陶瓷，并且也是平均原子量较低的二元化合物。它热导率很高，尤其是随着温度的升高它的热导率降低缓慢，而且它的热膨胀系数与半导体硅材料相近，使得它成为较理想的半导体封装用基板材料。它在新一代大规模集成电路、半导体模块电路、大功率器件中获得广泛的应用。

后来，科学家发现氮化硅陶瓷（Si_3N_4）也具有高热导材料的特征，而且氮化硅陶瓷与氮化铝陶瓷相比，具有不可替代的优势，因为氮化硅陶瓷强度和韧性大约是氮化铝陶瓷的两倍，绝缘性及热膨胀系数都相当。此外，经过理论计算和实验研究后表明，氮化硅陶瓷材料在抗急冷、急热性能方面比氮化铝具有绝对的优势。而且它们在导热性能相当的情况下，氮化硅优良的力学性能使得氮化硅陶瓷基片即使做得更薄，仍能满足强度的要求，成本也很低，因此它正在成为新的研究热点，有望在不久的将来发挥其在半导体电子封装材料方面的重要作用。

随着集成电路向规模化和超大规模化发展，IC芯片电路密度的增加和功率的提高，对材料的热导、介电性能、热膨胀系数等都提出了更高的要求。氮化硼、氮化铝和氮化硅等氮化物陶瓷以其优异的导热性能，正在微电子领域崭露头角，成为高技术领域的宠儿。历史在发展、技术在演变，高导热材料的研究和发展方兴未艾，它一定会在人类未来的生产和生活中大展宏图，就让我们共同期盼吧！

调节人造卫星"体温"的材料

2005 年 10 月 12 日 9 时 0 分 0 秒，我国自行研制的"神舟"六号载人飞船在我国酒泉卫星发射中心发射升空。载着航天员费俊龙、聂海胜的长征二号 F 型运载火箭点火成功。

所有的地球人造卫星是在非常苛刻的宇宙环境中运行的。在地球四周笼罩着一层稠密的大气层，可是离地球较远的地方，却是个真空的世界，此外还有来自外层空间的很强的紫外线及其他强射线的辐射。更为严重的是当人造地球卫星在环绕地球轨道旋转时，它面对太阳，表面温度可以升到 200℃左右；背对太阳，表面温度则下降到 -200℃左右。飞行器处在一个温度交变的恶劣环境之中。因此，如果不采取温控技术手段，人造地球卫星内部的电子仪器和元器件就会烧坏或者冻坏，甚至危及宇航员的生命安全。

因此，随着航天事业的发展，航天器的热控制已成为一门新的技术，得到了迅速发展。航天器的热控技术和热控材料是航天技术的重要组成部分，其主要作用是使航天器温度保持在适当的范围内，以保证人造天体的正常工作环境。

热控技术可以分为主动热控和被动热控两大类。热控材料很多，热控涂层是航天器中用得最多、效果最显著的一类材料。

热控涂层通常根据材料的性质，可分为金属、无机非金属和有机化合物型三大类；根据涂层的热控原理可分为散射式和反射式两类；根据工艺手段又可分为真空沉积薄膜型、化学和电化学型、涂料型、高温喷涂型以及溶烧型涂层。各种热控涂层系统都已得到迅速的发展。

当航天器进入运行轨道后，它要经受正负 200℃的骤然变化。热控涂料的任务主要是在轨道段起热控作用，就部位而言，主要是航天器的外部热控和内部热控。

热控涂料是一种光散射材料，它是由颜料和黏结剂组成，借助于涂料中细分散的颜料对于太阳光的漫反射作用和涂料对于红外波段的辐射特性，调节航天器外表面对于太阳光的吸收率及航天器表面的热发射率。

热控涂料的颜料，是涂料的重要组成部分，要求是白色、高发射、高纯度和光学稳定性。这些颜料有：氧化物、硅酸盐、钛酸盐，此外还有钨酸盐、锡酸盐等。

热控涂料的黏结剂对涂料的稳定性有很大的影响。黏结剂分为有机类，如环氧树脂、有机硅、丙烯酸树脂等；无机类，如水玻璃、硅酸、磷酸盐、钛酸盐等。

我国"神舟"飞船的热控制技术已经比较成熟，舱内温度将被自动控制在最适合于人类生存的 17℃~25℃，当然，航天员也可根据需要进行手动调节。

"神舟"飞船在太空飞行过程中，向阳面舱外温度超过 100℃，背阳面舱外温度为 -100℃。温度的快速剧烈变化和强大反差不仅不能满足航天员的基本生存条件，也会对一些仪器造成影响。

中国"神舟"载人飞船经过多天太空飞行后航天员乘返回舱安全返回地面，航天员身后为返回舱，完好无损、安然无恙

因此，飞船全密封结构的舱壁上有一层隔热层，把舱内外温度完全隔离。舱壁最外面一层，是一种生活中极少用到的由聚四氟乙烯和玻璃纤维布组合起来的防护层，然后是隔热层，最后才是金属壳体。轨道舱采用的多层隔热材料，是一种镀铝的聚酯薄膜。聚酯薄膜分很多层，层与层之间用尼龙网间隔，是蓬松的，总共有一厘米厚；镀铝能对热量进行大量反射，其功能类似于保温瓶中的内胆。

返回舱的隔热层则是一种烧蚀材料，它不仅担负着飞行中的隔热任务，更重要的是，返回时返回舱与大气剧烈摩擦使表面产生超过 1000℃的高温，要通过烧蚀材料的燃烧把这些热量带走。

返回舱使用的防热材料总重量约 500 千克，而直径、面积与其相当的俄罗斯"联盟"号飞船的防热材料却重达 700 千克。由此可见，我国飞船的防热技术已达到了世界先进水平。

磁制冷材料

磁制冷空调的工作原理是磁热效应。磁热效应是指磁性介质材料在加上磁场时，介质会出现温度变化的现象。就大部分磁性介质而言，这种温度的变化为上升，而将外磁场撤去时，介质的温度则下降。磁制冷利用的就是磁性介质的这种特性。

磁制冷最先在极低温度区取得突破，但是要投入实用必须在室温下实现磁制冷。研究之路障碍重重。

最早实现室温温区磁制冷的是美国宇航公司的布朗。他选用磁热效应最明显的金属钆作为磁性介质，使蓄冷容器的上部温度和下部温度的差值达到80℃。

后来，美国的巴克利和斯特亚特提出了主动式磁蓄冷器的概念，这是对循环方案的新探索。

20世纪90年代，关于磁性介质的研究出现了突破性的进展：美国依阿华大学艾姆斯实验室发现钆硅锗合金具有很强的磁热效应，超出金属钆的两倍。与此同时，南京大学物理系发现钙钛矿结构的物质也具有极强的磁热效应，且比钆硅锗合金便宜数十倍。

由美国的齐姆等人在1998年研制出的磁制冷冰箱又有新的改进。他们将主动式磁蓄冷器用于室温磁制冷，所加磁场则由超导磁体提供。

磁制冷从根本上解决了氟利昂所带来的危害，但对于环境的保护还需要每个人共同的努力。

"信息时代" 的信息存储

21世纪是经济信息化、信息数字化的时代，其中最具代表性的是电信、广播电视和计算机三大网络融合成为统一的、综合的、多功能的"信息高速公路"。在这种背景下，不断开发具有更高信息存储密度及更快响应速度的材料和器件成为国际上最受关注的交叉学科研究领域之一。

磁记录已经成为现代信息社会不可或缺的重要组成部分。磁记录介质材料是磁带、磁盘中的核心部分，它均匀地分散于黏接剂中，然后涂于带基或合金盘面上。计算机的磁存储器磁头也是用磁性介质材料制成的。

计算机的磁存介质存储器——硬盘

20世纪30年代磁记录介质材料，采用的是四氧化三铁磁粉，后来又采用其他一些磁粉作为磁记录介质材料。1978年，美国3M公司采用铁、镍、钴合金磁粉作为磁记录介质材料，同时钡铁氧体等磁粉也进入高密度磁记录介质材料的行列。

采用纳米技术成果即量子磁盘的方式可使磁记录密度大大提高。美国IBM公司利用巨磁电阻效应制成薄膜型读出磁头，把磁盘记录密度提高了17倍。现在，巨磁电阻读出磁头已进入工业规模生产。

GaN基蓝、紫光激光器件的出现，加快了光存储技术的发展，然而，光存储技术的面密度也已接近光学衍射极限。因而寻求发展基于新原理的新型海量存储、三维光存储材料、器件与系统、全息存储和近场光存储技术以及光学烧孔和 STM 热化学烧孔存储技术等，已成为目前国际研发的热点。

近年来，将光致变色材料用于光信息的存储受到全球范围内的广泛关注，在光致异构化反应中具有良好的光致变色性能，并且其光致变色反应前后分子的荧光发射有明显的差别。基于这种性能，科学家利用一系列尖端技术实现了二维光学信息存储与三维光学信息存储。同时，还研究了存储图案在读出过程中的光学稳定性，以及在多次写入至擦除过程中的"耐疲劳"性。结果表明，这类新型光致变色材料用于信息存储表现出良好的稳定性，而且可以进行信息的反复写入和擦除，并可应用于基于双光子技术的多层三维高密度光学信息存储，表现出广泛的应用前景。这一研究结果为新型高密度光学信息存储材料的设计和制备开拓了新的思路。

信息高密度存储载体

现代化的信息系统是由计算机集中控制管理，需要的数据从计算机数据库取出，显示在终端屏幕上，经过处理的信息又送进计算机的数据库存储起来。今天的计算机，其数据存储器主要是采用磁盘，它存储信息方便，又适合和计算机及现代化通信设备联网。

但是，当把它用于图象资料的存储时，就显得有些"力不从心"。科学家估计，大概要起用光盘。

光盘是利用激光写入信息和利用激光读出信息的光学信息存储器，因为它也和磁盘一个样，也是做成盘子状，所以人们把它叫作光盘。在光盘上写入信息的原理是利用激光照射在记录薄膜上时，在照射的位置上烧出小坑，或者产生磁畴变化、相变，而没有激光照射的地方不发生这些变化。有变化的和没有变化的分别表示"1"和"0"两个状态。激光束在盘面上扫描完毕，也就完成了写入信息工作。

光盘和光盘驱动器

从光盘上读出信息时是用激光束。这种读出方式与盘面不发生机械摩擦，不会损伤光盘上记录信息的沟道。所以，只要制造光盘的材料化学性能稳定，原则上说它的使用寿命是永久性的。光盘也可以方便地与计算机及现代通信设备联接。

现在已发展了三种类型的光盘。一种称为只读式光盘，盘上的信息是由专业生产厂记录后并复制的。激光唱片、电视唱片和电子出版物就属于这类光盘。光盘出版物的容量很大，有口袋图书馆之称。这类光盘最近又出现两种新品种，带盘和软光盘，它们在性能上又有了很大改进。首先是存储信息密度和容量更大，其次是价格更低廉。

第二类是可随录随放，但不能擦除信息后重复写入信息的光盘（称DRAW 光盘）。这类光盘主要用于文件档案存储、图纸资料存档、计算机外存、办公室文件编辑等。

这两类光盘目前主要采用激光在记录介质上烧蚀凹坑写入信息。把要存入的信息数字化，变成二进制码后调制激光束。

第三类是磁光盘，是利用激光束加外部辅助磁场在磁性多层膜上写入信息，利用磁光效应来读出信息，是一种可以擦除信息，随录随放的光盘。聚焦的激光束照射在磁性多层膜上，被照射点的温度上升，矫顽力下降。当温度超过居里温度时，在外加的磁场作用下会发生磁通反转，这便实现了信息写入。读出信息时用平面偏振的激光聚焦到读出区。

光子选通烧孔存储器是调谐入射到介质的激光频率，从物质吸收谱的一侧扫描到另一侧，会发现透射光强度在几个频率位置上出现峰值，而在吸收光谱带上相应的地方出现凹陷，即"光谱孔"。有孔和无孔的地方可以代表"1"和"0"两个状态，亦即利用这个现象可以实施信息记录。

为更好地提高光学信息存储器信息记录密度，可以缩短使用的激光波长、增大聚光透镜的数值孔径和采用光学超分辨技术。

另一种，光学超分辨技术是通过改变激光聚焦的焦点在光盘记录介质上的功率分布，即把功率最高点的位置从光束中心向边缘移，同时通过衍射效应产生直径更小聚焦光斑的技术。用这个办法也可以提高信息存储密度。

磁性金属和合金一般都有磁电阻现象，所谓磁电阻是指在一定磁场下电阻改变的现象，人们把这种现象称为磁电阻。所谓巨磁阻就是指在一定的磁场下电阻急剧减小，一般减小的幅度比通常磁性金属与合金材料的磁电阻数值约高 10 余倍。

由于巨磁阻多层膜在高密度读出磁头、磁存储元件上有广泛的应用前景，美国、日本和西欧都对发展巨磁电阻材料及其在高技术上的应用投入了很大的力量。

"中国芯"

我国的芯片市场很大，根据海关统计，2003 年进口芯片就有 358 亿美元，2005 年我国芯片市场需求量超过 3000 亿人民币，占世界芯片市场的 20% 以上。

"龙芯"芯片并不是面对所有的芯片市场需求，而是主要针对两类市场，一类是服务器 CPU 市场，另一类是性能较高、通用性较强的嵌入式 CPU 市场。

"龙芯"1 号芯片

"龙芯"1 号芯片被称为"我国第一款商品化通用高性能 CPU（中央处理器）芯片"。这款芯片面积约 15 平方毫米，采用 0.18 微米工艺，包含近 400 万个晶体管，主频最高可达 266MHz，拥有自主知识产权，并可大批量生产，目前已用于国产龙腾服务器中（这枚芯片为 4 毫米见方，芯片规模约 100 万等效逻辑门，约 400 万晶体管）（"龙芯"1 号实际运行功率为 0.4 瓦，比一般的嵌入式芯片还要低。当人用手去触摸时，感觉不到电的发热）。

随后出现的"龙芯"2 号功率仅有 4 瓦左右，安全性能高，适合于做不加电风扇、无人监控的设备。"龙芯"2 号还用于视频解码设备，如机顶盒、网络监控、游戏机等，也可用作手机中的应用处理器（Application Processor），更适合做路由器和交换机。有些应用，如税控机等，对嵌入式 CPU 的性能要求较低，"龙芯"1 号经过裁剪后（裁剪后芯片面积只有 1 平方毫米左右）也适用这类低端的应用。"龙芯"2 号的另一个突出特点是采用了自主设计的多媒体指令结构，两条 64 位浮点流水线可以同时执行 16 个 8 位多媒体操作，流媒体处理能力很强。

目前的"龙芯"2号用作服务器CPU功能还不够强，2005年年底，增强型的"龙芯"2号研制成功后，主要用来生产低档服务器，基本满足了政府电子政务的需求。

2006年年初，"龙芯"2号达到了1GHz的主频，性能相当于1.5GHz左右的PIV，用于低档服务器，满足了桌面应用的要求。"十一五"计划期间，中科院计算所研制多核的"龙芯"3号，用来研制生产高性能的计算机和服务器，进一步缩小与国外先进水平的差距。

联想深腾6800超级服务器

深腾6800服务器是面向网络的大规模超级计算机，共由265个结点构成，配置1060颗64位处理器、2.6TB内存、80TB存储及高速网络，采用自主研发的机群系统软件、网络系统软件及基础架构，配备通用的并行编程环境及网格环境。深腾6800服务器具有速度快、效率高、通用性好、I/O能力强、软件实用丰富、网络基础设施完善、产品化程度高等特点，可有效支持科学工程计算、事务处理、网络信息服务等应用。该服务器在LINPACK效率和组合数据查询方面达到了当前高端机群系统产品的国际领先水平。用于装备国家网络主结点的联想深腾6800超级计算机，已在气象气候预报、石油勘探模拟、航空航天设计、生物药物研究、工业设计模拟、基础科学研究等近200个项目上成功应用。

一段时间以来，高性能服务器领域狂飙般的突进，已让"联想深腾"成为一个具有一定影响力的国际超级计算机品牌：2003年，联想深腾6800以4.183万亿次的LINPACK速度列世界TOP500第14位，其78.5%的整机效率位于世界通用高端计算机之首，其组合数据查询TPC-H值9950（1TB量级）列世界第4位，它在国际气象研究组织UCAR的气象预报业务模式MM5

测试中名列全球第一。更为关键的是其促进了我国高性能计算机和网格的技术进步及产业发展,打破了国外品牌在高性能计算机高端市场的垄断地位。2003 年 12 月,科技部正式发布了国家 863 计划重大技术成果"国家网格主结点—联想深腾 6800 超级计算机",这标志着我国自主研发超级服务器的能力迈上了一个新的台阶,具有里程碑的意义。

深腾 6800 可以提供 7×24 小时计算服务,从系统正式投入运行至今,深腾 6800 已连续运转 4540 多小时,为 100 多家应用单位提供计算服务,机器的实际使用率最高达 91%,平均使用效率保持在 65%~80% 之间。

深腾 6800 的应用领域也很广泛,在双星探测计划、地震预测、复杂流动数值模拟、油藏模拟、高精度天气预报、SARS 病毒分析、网站服务等应用中成果显著。

在气象气候预报方面,联想深腾 6800 表现的也非常出众,它协助搭建完成了世界上首个 6 星空间探测系统:双星(中国)+ 四星(欧空局);在航空航天设计领域,深腾 6800 提供超强的复杂流动数值模拟功能,使得原先无法完成的计算得以实现,这一技术正被广泛应用于航天器、汽车等外形设计和发动机设计;除了超强计算能力之外,深腾 6800 在网络服务方面也可以发挥重要作用。它可以同时支持超过 100 个大型门户网站的网页服务,1/128 的计算能力就能够满足每天处理 180 亿次网页点击的应用请求,相当于 2000 年悉尼奥运会官方网站日点击数的两倍;不仅如此,深腾 6800 还帮助胜利油田、大庆油田等顺利完成了油藏模拟实验,并帮助北京大学化学系第一次成功模拟 SARS 病毒运行轨迹……

国家综合实力的提高离不开高端科技领域的突破与发展,正是以联想深腾 6800 等为代表的国内高性能计算产品的强势崛起,迫使国外同类产品不得不普遍降价,为国家和用户节省了大量投资。相信联想深腾 6800 在更广泛领域的应用,将最终推动我国信息化建设的实现以及高性能计算机和网格技术的进步与发展。

芯片人

奇云·沃里克是世界上第一位在人体内植入硅芯片，借助该芯片与电脑网络的联通作用，成功地进行了各种自动控制实验的人。实验的初步结果表明，信息技术为人们的生活发挥了不可或缺的作用。

进行这项实验的是英国雷丁大学控制论教授奇云·沃里克。他以自己为对象，在局部麻醉的情况下，沃里克请伦敦的一位医生将一个长 23 毫米、直径 3 毫米的小型玻璃管植入自己的手臂。玻璃管内除装有一枚芯片外，还装有微型电磁线圈。实验中，沃里克教授在进入装有必要电脑网络的房间后，手臂内的芯片即与电脑网络自动联通，传递各种网络信息。芯片内含有 64 条指令，这些指令通过特殊信号发出，网络传感器收到这些指令后，再将其传入一台主控电脑，电脑便根据指令完成各种自动操作。

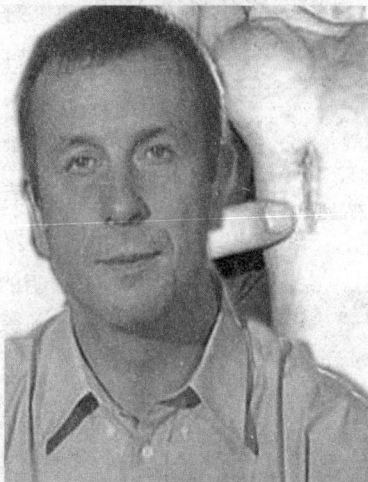

"芯片人"奇云·沃里克
照片右上角为植入芯片的手臂

在植入芯片的 9 天里，沃里克教授一直接受着帝王式的"款待"——大厦大门"看"到他会"打招呼"，实验室的灯会随着他的出现而打开。原来，他左臂中植入的芯片会发出无线电信号，输送到大厦的电脑而感应到他的存在。他的实验证实了人体内的移植物能够与外界进行通信。

美国进行了一项具有历史意义的移植手术——将计算机芯片植入 8 名实验者体内，从而产生世界首批"芯片人"。扫描仪器发出的电波激活处于休眠状态的芯片，使其传输回含有芯片携带者身体的数据信号。人们只需将这些数据输入到中央计算机，就可随时调阅有关芯片携带者的信息。据称该项实验在急诊和安全认证等领域将非常有潜力，对早期老年性痴呆症患者等无法提供自身有关信息的人尤其具有价值。但这也引发了人们关于隐私方面的担忧……

显示材料

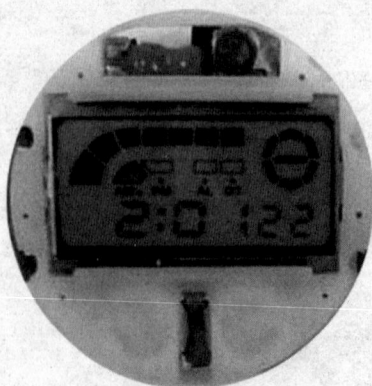

液晶型电子手表

现在大多数笔记本电脑使用的显示器为液晶型

计算器、手机以及液晶显示器的屏幕都采用的一种关键材料——液晶。液晶是一种性能介于液体和晶体之间的有机高分子材料，它既有液体的流动性，又有晶体结构排列的有序性。

液晶的发现已经有 100 多年的历史了，最早追溯到 1888 年，奥地利植物学家莱尼茨尔在做加热胆固醇苯甲酸酯结晶的实验时发现：在 145.5℃时，结晶熔解为混浊黏稠的液体，加热到 178.5℃时，则形成了透明的液体。第二年，德国物理学家莱曼用偏光显微镜观察时，发现这种材料具有双折射现象，并提出了"液晶"这一学术用语。后来美国的海尔迈在 1968 年使用向列型液晶的动态散射效应，发明了液晶数字手表（电子表），并提出了壁挂式电视机的设想而引起轰动，开创了液晶电子学。

各种形态的液晶材料一般是人工合成的有机化合物。例如常用的向列型液晶，其分子排列好像一束松散的缚在一起的铅笔头，它是一种甲亚胺族化合物；胆甾型液晶是胆固醇的衍生物。用于电子显示的液晶，例如电子表显示屏，仪器上的液晶数码器等，都是几种向列型液晶的混合体。近年来高分子液晶材料有了很大发展，它作为一类新型的特种高分子材料，已广泛用于航空、航海和汽车等行业。

尽管液晶材料的应用极其广泛，但其响应速度慢（毫秒级），工作寿命短，一般用于直流电的寿命是 3000~5000 小时，用于交流电的寿命是 10000 小时左右，所以电子表用上 3~5 年就必须更换液晶数字显示屏。

近年来，科学家们利用几种有机物组合出一种全新的显示材料，只需要微弱电流的驱动，就能发出足够亮度的光，并显示出清晰的图像。

这种有机显示材料，实际上是由 8000 多个面积不到笔尖大小的有机发光器件构成。由于这些微小的发光器件是由三层不同的有机物叠加而成，因此被人们形象地称为能发光的"三明治"。

有机发光器件将使电视更加轻巧。有机材料显示屏是靠材料自身发光来显示图像，因而不再需要阴极射线管为它输送电子。传统电视构造中包括阴极射线管的 2/3 部分将被彻底抛弃，电视的整体体积得以大幅压缩，其厚度将不过几厘米。

因此，相比之下液晶材料属于液态，在外力的冲击挤压下，液晶显示屏会由于内部液态材料的动荡而变形。而有机材料发光器件，是叠加固化在一起还可以弯曲的整体，外力挤压并不会影响它的观看效果。人们相信，有机材料发光器件将最终取代液晶材料，并广泛应用于笔记本电脑、航空仪表、移动电话等移动显示领域。

作为一种独具魅力的显示材料，有机发光材料将给现在的显示器带来一场革命。

薄如纸的显示器

　　日本佳能公司生产的薄如蝉翼的佳能数字显示器，仅仅比普通纸张厚一点。主要用来制作电子图书和电子报纸。

　　这款数字显示器厚度仅仅只有0.25毫米，只是一张普通纸张厚度的2.5倍。它将显示器的色粉夹在如纸薄的塑料胶片中，使用塑料胶片让这款超薄显示器柔韧性更强，更不易碎。在关闭电源以后，图像仍能保持在显示屏上，用户可以在取得图像后就关掉电源，从而降低

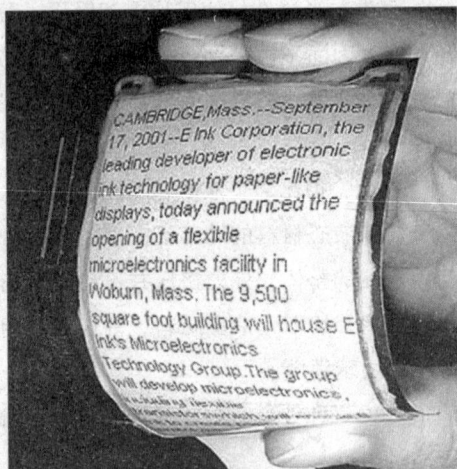

薄如蝉翼的佳能数字显示器

耗电量。美中不足的是现在这种显示器仅有黑白两种颜色。

　　在不断地应用最新显示技术和追求更高品质画面的要求下，NEC应市场对LCD液晶显示器的需求，尽可能创造出超薄、轻巧的外形。其外形采用超薄框设计，最大限度地减小了边框的视觉影响，不仅增强了视觉震撼力，更是多屏拼接的理想选择。简洁优美的外观，加上其超薄框设计的外型，使得整个显示器15英寸的可视面积在视觉上变得更为宽大，使用更加舒服。

　　近年来出现了一种新型的超薄电致变色显示器。这种显示器尽管还没有实现全色彩化，但耗能小，具有极低的驱动电压（1伏左右）；同时，它有很强且可调的对比度，可以满足不同视力的需求，极具人性化。

　　电致变色材料在外观上，表现为颜色及透明度的可逆变化。它是指在外接电源的条件下，材料的光学性能（透射率、反射率等）在可见光范围内产生稳定的可逆变化。电致变色材料分为无机变色材料和有机电致变色材料。无机电致变色材料主要集中在过渡金属氧化物（例如氧化钨、氧化镍、氧化铈、氧化

钴等），响应速度就有几百秒，根本无法满足显示器的响应速度的要求。有机电致变色材料（例如紫精类、吡嗪类、吩噻嗪类等），速度可以达到飞秒（千万亿分之一秒）。

利用纳米半导体材料（例如氧化钛），嫁接一层有机电致变色分子，便做成三明治结构的电致变色器件。加电压的地方变色，没加电压的地方，保持原状，实现了显示的功能。这种纳米电致变色显示器采用的是薄膜型结构，所以可以做到像纸那样薄，故而也叫电子纸。它的响应速度极快，这种纳米电致变色显示器可实现超低耗电量，其耗电量还不到反射型液晶的1/10。且具有记忆效果也就是能显示内容，在断电后可以保持不变。

尽管这种纳米变色显示器才开始发展，但它结合了纳米材料和有机变色材料各自的优点，具有较大的发展潜力。我们可以充满自信地预见，这种纳米变色显示器，在不久的将来，极有可能会改变我们的生活和阅读习惯。

例如，采用有机导电薄膜，制造出可折叠，可任意弯曲而不扭曲字形的电子纸张。外加上一个芯片，就可做成一个"口袋图书馆"。人们一"纸"在手，便能书海畅游。另外，这种电子纸除了断电后具有记忆效果外，还可以加上反向电压，擦除显示的内容，这样，电子纸就可以反复使用。可以想象，通过无线电传输技术，它可将新闻即时下载，让人们能在同一张"纸"上看到每天的新闻。届时，消费者便不需要再购买传统报纸，就可使报纸日日翻新，杂志月月不同。这不仅方便了人们的生活，还可节省大量的木材，极有可能改变印刷史，并拯救美丽的森林。

这种纳米变色电子纸也可以替代各种广告招牌。届时，只需按动几个键，就可以改变上面的广告内容，它能够根据需要显示不同的商品图案和广告文字，以帮助招徕顾客。商店里就不需要到处悬挂五花八门的广告招牌了，而且广告的图案将更加缤纷多彩。

这种纳米变色电子纸可以用在电视机或者笔记本电脑上，电视机可以像纸一样贴在墙上，来创造更好的居住环境。

如果对这种纳米变色电子纸稍加改进，可以把对电极做成染料敏化太阳能电池的负极，这样，就把太阳能电池和电致变色显示器合二为一，做成自供电的电子纸。只要有太阳光，这种电子纸就可以自发地显示出芯片的五颜六色的内容。这种电子纸特别适合于户外的各种显示牌。届时，各种户外指示牌将不再消耗电力而又能使我们的生活充满五颜六色。

高分子液晶显示技术

自从人类有了语言，就有了信息流通。人们的经验和知识是以文字记载的方式流传，而且这些信息成为人类文明的基础。而信息流通方式的每一次变革，都大大推动了人类文明的发展进程。

随着显示技术的发展，信息流通已不再局限于语言和文字，而是将图像、声音、数据信息等全部包括进来。从电子显像管到等离子技术、液晶技术，显示领域不断在技术上为实现"信息无处不在"的理想而努力。

而第四代显示技术（高分子液晶显示技术）的诞生，是信息流通方式的又一次变革，其深远的技术内涵，将进一步改变人类的生活方式：在毫米级厚度、大小形状任意裁割的技术基础上，使得信息表达途径具有了无限的可能。

高分子液晶显示技术即直接形成分散的液晶高分子光阀显示器。这种新型的液晶显示器采用液晶微粒实现大面积显示；采用非线性光学材料实现广视角；采用散射型原理代替吸收型原理，并取消偏振片、膜，以适应室外应用条件；采用控制微粒大小实现清晰度。

基于高分子液晶晶体特性原理衍生的显示技术，在应用领域表现为：基础的晶体膜光栅散射，表现为平行光屏蔽控制；有机分子着色与多层固定态散射，表现为彩色图像控制；点阵晶体光栅动态控制，表现为芯片控制的动态影像显示控制。

高分子液晶显示技术在性能上还有很多的特性。

任意形状裁割

从形态上已变成固体，不再是液体状态，既可做在玻璃上，也可做在薄膜上，不易破碎，可以任意形状裁割。

大面积显示

可以实现大面积显示，突破传统液晶显示器在 19 英寸左右的局限，薄膜型的显示器尺寸可达到 1.1 米 ×2.8 米。

抗紫外线

由于在制作过程中采用紫外固化工艺并取消了偏振片（板），因而对阳光紫外线具有抗性。

高分子液晶显示技术除具有以上所介绍的优势之外，还可把正型显示器与反型显示器统一在一个原理、一个方法和一个结构之中，并有许多重大创新。它代表着当今世界上最新的一代显示技术，有着巨大的潜在市场。

而且它还有很多优点，用它制作的户外液晶显示屏，具有耗电量小，每平方米的电流仅为数百毫安，比 LED 发光二极管显示屏要小得多，不会因电流过大发热造成烧毁显示屏的现象；采用模块组装，易于安装和维修；造价低于 LCD 液晶显示器，使用寿命高于 LED 发光二极管显示屏；高分子晶体显示屏为膜状固态，理论上可实现大小、形状的任意裁割；视觉范围广，失真小，显示效果好等许多优点。

利用智能条光显示技术制造的调光玻璃，可应用于科研单位、企业研发部门、实验室、精密工艺车间的保密性展示。可增强展示效果又防止机密内容外泄。图为某实验室窗口的通电与断电的效果

进入 21 世纪信息时代，用于发布信息的大型显示屏已经广泛地应用于各个领域，成为证券、银行、工商、交通等部门不可缺少的工具；成为各行各业发布信息的重要手段；成为大中型企业自动化控制、办公的必要设施。采用高分子液晶显示器制作的大型显示屏由于突破了传统液晶显示器不能大面积制作和不能室外应用的瓶颈，发展前景极为广阔。

它能够在室外应用，白天可以充分利用自然光，光线越强烈，显示的清晰度就愈佳，解决了 LED 光电管显示屏在强阳光下不够清晰的弊端。夜间则可以

采用正投光源或者背光源，从而成为一个全天候的显示屏。

　　它还被用在产品的防伪标识上。在产品的商标上应用高分子液晶显示隐形防伪技术，在两极加电压后，防伪标识形状才显示出来，当电源断开时，标识就是隐形的。隐形标识可以做成固定的图案或文字，也可以做成动态的图案或文字，不仅加强了防伪效果，而且美化了产品的外观，提高了产品档次。该技术是一项更为有效的防伪新办法。有助于保护名优品牌产品，维护消费者利益，打击假冒伪劣商品。

　　现如今，随着科技的日益进步，高分子液晶将会给我们带来更多的方便和好处。

走向新时代的硅

如今硅化合物的用途越来越广，它在现代科学技术中可谓是"青春焕发"，已为人类作出了重大贡献。

半导体是制造电子计算机和各种电子设备所不可缺少的。我们制造太阳能电池，要把太阳光的辐射能量直接转变为电能，也得利用半导体。而大规模的集成电路对半导体要求更高。在几个平方毫米的单晶硅薄片上，集中排列了几十万个电子原件，上面简直容不得一粒灰尘。单晶硅称得上是世界上最纯净的物质了。现在，人们已经能制造出纯度达 99.999999999999% 的单晶硅。这很符合集成电路对硅的纯度要求。而且单晶硅是电子计算机、自动控制系统等现代科学技术中不可缺少的基本材料。

硅晶体

美国在 1946 年建造了世界上第一台真空管电子计算机——"埃尼阿克"。它重量达 30 吨，占地面积为 170 平方米。过了 20 年，人们已将 2250 个晶体管放在长 4.3 毫米、宽 3.1 毫米的硅片上，使得计算机的体积大大缩小。那种袖珍电子计算机都可以装在手表里。大规模集成电路技术的发展，使一块小小的硅片上可以容纳 10 亿或更多的元件。

1954 年，世界上又出现了单晶硅的太阳能电池。由于单晶硅太阳能电池的性能稳定，转换效率高，而且体积小、重量轻，很适合于做人造卫星和宇宙飞船上仪器设备的电源。1958 年，美国"先锋 1 号"人造卫星首先使用了这种太阳能电池阵列，一直持续工作了 8 年之久。从此以后单晶硅太阳能电池就被普遍使用在航天器中。美国的大型航天器——天空实验室上，装有风车式的太阳能电池帆板，是由 147840 个 8 平方厘米大小的单晶硅太阳能电池组成的，

世界上第一台真空管电子计算机——"埃尼阿克"电子计算机

"埃尼阿克" 电子计算机庞大的主机

发电功率达 12 千瓦左右。

不过，单晶硅太阳能电池最大的缺点就是价格昂贵。所以，在地面上太阳能汽车的应用是非常少的。1975 年，人们又制造出了一种无定形硅，这种硅更适合做太阳能电池。最近，美国能量转换器件公司用辉光放电法制成了一种硅氟氢无定形合金半导体。据说，用这种半导体来做太阳能电池，工作性能稳定，转换效率高，而且成本相对较低，为地面利用太阳能展现了光明的前景。

硅是无机世界的骨干。自从 20 世纪 40 年代以来，它正在越来越多地走向有机世界。

硅和碳是同族，它们的性质有很多相似之处。碳原子间能结合成链，同其他元素一起形成高分子化合物。化学家发现，硅也能结合成链，从而形成硅烷（硅氢化合物）。不过由于硅原子比碳原子体积大，因此硅链不如碳链紧密，硅烷也很不稳定。但硅原子和氧原子却能交替相连，而且能形成网状结构的大分子。后来科学家又在实验中把硅、氧的大分子枝杈上接了个有机基团，控制了分子量的大小，居然制造出了许多硅的有机化合物。

硅在进入有机世界后，就将优良的无机物和有机物性质糅和在了一起，生成了别具一格的有机硅化合物。

硅油的外貌像油，但它的主要成分是无机物。而且它的流动性好，即使在高温或寒冷的环境里照样能使用，是一种理想的润滑剂。硅油没有毒性和气味，还能代替植物油给包装纸进行防粘处理。若在烘烤糕点的模子里抹一次硅油，使糕点不沾壁，还可连续使用 1000 次，既经济又方便。

有机硅橡胶还具有良好的弹性，而且不管冰天雪地还是烈日炎晒，都不老化，仍能保持着弹性。而且它无毒、无味，不会对人体产生不良作用。医用高分子材料甲基乙烯硅橡胶，常用来做人造关节和人造心脏瓣膜。透明的硅橡胶，可制成一种可接触眼镜，可直接戴在眼球上，而且不会产生很大的副作用。

此外，有机硅塑料还有很好的绝缘性能，用做电动机的绝缘材料，使电动机体积减少一半，使用寿命也延长了。在地下铁道四壁喷涂有机硅，还可以有效防止漏水、渗水。北京天安门广场上的人民英雄纪念碑，外面喷涂了有机硅塑料，防尘防潮，长久保持洁白、清新。纺织品经过有机硅浸渍，做成雨衣，既防水，又透气，而且不会产生折皱。

后来，人们又用纯净的二氧化硅拉制出了纤细的玻璃纤维，高透明度的玻璃纤维的出现，促使了现代光学纤维通信的诞生，大大改善了通信技术。

"工业味精"——有机硅

现代社会需要一种具有节省能源、无公害，而且安全可靠、多功能、多形态、高性能和复合化的新型材料，20 世纪 40 年代投入市场的有机硅，正是一类可以满足上述要求的新型高分子合成材料。它以能解决多种技术难题、提高生产技术水平而著称，它的上千种用途，几乎让每一个科技和工业部门都留下深刻的印象，使用效果之显著更是令人惊叹。因此，被形象地誉为现代科学文明的"工业味精"。其应用促进了许多领域的技术变革和发展，带动了材料、机械制造、自动化仪表以及化工试剂等相关产业的发展，它在某种程度上已成为一个国家综合国力的标志之一。

有机硅作为一种高科技新型化工材料，以其优异的综合性能和众多的产品形式，被广泛应用于国防军工和国民经济的各个行业中，其衍生产品已有7000 余种。有机硅单体是整个有机硅工业的基础，我们通常以有机硅单体的产量来表示有机硅生产企业的产能。而有机硅中间体是指由有机硅单体经过

有机硅制造的各种工业用品

水解、裂解等工序处理后形成的产品。由于有机硅中间体的附加值较高，有机硅生产企业的主要产品为中间体。而它的深加工产品则是指使用有机硅中间体作为主原料生产的产品，按其形态和主要功能的不同，可分为硅油、硅橡胶、硅树脂、硅烷偶联剂共四大类，在此基础上延伸加工最终形成丰富的有机硅产品。

有机硅材料兼具了无机材料与有机材料的双重性能，具有表面张力低、粘温系数小、压缩性高、气体渗透性高等基本性质，并具有耐高低温、电气绝缘、耐氧化稳定性、耐腐蚀、无毒无味等优异特性，不仅广泛运用于航空航天、电子、汽车、石油、化工、建筑等领域，而且在轮船、机械、通信、纺织、造纸、皮革、办公用具、医疗卫生、制药以及美容化妆、个人卫生用品等方面也被越来越多地应用。如从太空宇宙飞船科技含量极高的关键部件到人们常用的婴儿奶嘴、人造假体、高级化妆品、织物柔顺剂等绿色、无毒、以人为本的日常生活用品都可用有机硅材料制成。此外，有机硅还是各种高科技复合材料的添加剂和改性材料，而且能够促进相关工业领域的新材料研发，并衍生出一条具有广阔用途的新材料产业链，因而获得了"科技发展催化剂"和"工业味精"的双重美誉。世界很多国家也都在加强有机硅的科技开发工作。

那么，有机硅怎么会有如此神奇的性能和功效呢？这是由于有机硅组成中，既有像无机石英玻璃结构的硅氧烷，又含有有机基团，是一种典型的半无机高分子。正是这种半有机半无机的特种高分子材料，具有其他材料所不能同时具备的安全性、阻燃性、介电性、耐高低温性和生理惰性等一系列优异性能。而且，有机硅还可以根据不同应用场合的需要，通过变换硅氧烷分子结构来改变结合在硅原子上的有机基团，选择不同固化方法，采用有机树脂改变性能，选择各种不同填料和各种不同二次加工技术，采用各种聚合技术等设计出不同的分子结构，以满足各行各业不同场合下使用要求的各种形态。各具特色的硅油、硅橡胶、硅树脂、硅偶联剂及其深加工产品，组成了有机硅系大家族。此外，由于这个家族具有独特和充满活力的"基因"，因而呈现出十分旺盛的生命力，可以说是"青春常驻"，生命周期很长，因此，它备受人们的青睐。

现今，人们正在进一步研究扩大有机硅在能源、光电子、新材料、生命科学中的应用，并且发现和开拓了很多崭新的应用领域，有机硅已进入开发的新阶段，可以预见，有机硅不仅能满足当代人需要，更能为未来时代的发展作出贡献。

新型陶瓷碳化硅

　　金刚石是岩石中的"硬度王子"，而以金刚命名的金刚砂，也是以坚硬著称的。金刚砂的硬度为 9 度，是世界上硬度仅次于金刚石的材料之一。金刚石是由一类结晶形的碳组成的物质，而金刚砂则不同，是由碳和硅组成的晶体。金刚砂也同金刚石一样，可在光的照射下，产生各种折射，发出耀眼的光辉来。

　　最早的金刚砂是在金刚石的角砾云母橄榄岩中找到的，这说明金刚石和金刚砂两种矿物的生成条件相似，它们在地壳里的蕴藏量都很稀少。在 19 世纪，法国化学家莫瓦桑发明了电弧炉，这种炉的炉温可达 4000℃。他利用这种电弧炉合成了金刚砂，也成功地合成了金刚石等其他许多物质。人们为了纪念莫瓦桑，就把天然的金刚砂叫作"莫瓦桑尼特"。后来，莫瓦桑又从一块落在美国的铁陨石里，发现了一种成分为碳化硅的细小的六角形晶体，也就是天然的金刚砂，而且还在陨石里发现了金刚石。

　　现在用人工来制造金刚砂的过程是在电炉里进行的，使用的原料有石英粉末和纯净的焦炭。它是这样制造的：在高温下，碳先变成一氧化碳，一氧化碳又"夺取"了氧化硅里的氧，从而把硅还原出来。硅在高温中升华了，又同尚未作用的焦炭反应，生成碳化硅，这就是金刚砂。

　　一般要在原料中加进食盐，是为了使反应混合物中有足够的空隙以便带走放出的气体。碳化硅在 1600℃时已形成，到 2000℃时开始形成六角形状的排列，经过 30~40 小时，逐渐长成大晶体，冷却后，其中一部分就是金刚砂了。一般金刚砂中都含有杂质，所以才会呈现黑色或绿色。在工业中金刚砂主要用做研磨和切削材料。可以用金刚砂来磨削瓷制品、大理石、花岗石等硬质材料，也可用来加工青铜等韧性材料。不过，金刚砂质地较脆，没有钢玉砂硬固，所

碳化硅外形酷似食盐，硬度极高

以它的使用范围要小一些。

人们利用金刚砂耐磨的特性，把它掺进建筑材料中，制成砖块来铺设人行道路面，用在行人川流不息的火车站和展览馆等人多的场所。这种路面经久耐用。金刚砂还被广泛地用作冶金工业和化学工业耐热耐腐蚀的材料。

纯净的碳化硅一般是不导电的，可如果碳、硅的比例适当，就可以成为半导体。这种半导体同硅、锗等半导体不同，它是一种特殊的半导体，在温度达到 1000℃时，它仍具有半导体性能。但这种半导体碳化硅的制造方法是不同于金刚砂的制造的。

美国原子能总署的研究人员曾想把几种纯粹的化学元素按组成配合起来，再经过高温烧结，以期得到性能稳定、质地坚硬的材料。终于研究出一种直接生产碳化硅的方法：他们把硅粉和碳粉按比例掺合，压成坯件后在 1600℃至 1700℃下烧结。这种碳化硅能达到按理论推算的密度，还提高了碳化硅材料的致密性，而且使用期限也增加了。

这种人工配料烧结材料，开创了陶瓷工艺的新领域，已生产出了成千种新型陶瓷，现已应用于不同的领域。相信在不久的将来会有更多的制造碳化硅的方法，人们将会得到更多的益处。

第二篇 信息材料

光纤技术

20 世纪 70 年代后期，光纤技术开始进入商业领域，而且光纤的一些固有特性优点（传输带宽较高以及不受噪声干扰等）使它成为各种应用领域中的理想传输介质。高传输速率系统的垂直干线用光纤来实现已经成为网络设计者们的首选设计方案。

光学纤维更是现代技术中的一颗闪光的"明星"，它已在电话、电脑、有线电视、印刷品传真、生产控制以及医学上被广泛地应用。在我们的生活中光纤技术已无处不在。

英国著名的物理学家丁铎尔在 1870 年做了一个有趣的实验，这个实验使光弯曲了，这给大家留下了深刻的印象，产生了很大的社会影响。这些都为信息时代的数据传输奠定了坚实的基础。

这个有趣的实验是这样做的：在一间黑暗的屋子里，让一股水流从容器的侧小壁孔中流出，在另一侧壁给水照明。这时从孔中流出的水，几乎在整个长度上都在发光。这时我们会发现原本直线传播的光，现在竟然沿着这股弯曲的水流在耀动。光果然弯曲了。

这是怎么做到的呢？我们可以用光的折射原理来揭开光弯曲的奥妙所在。当光由折射率大的水进入折射率小的物质时，在两种物质的交界面会发生全反射，光不会进入折射率小的物质，而是全部返回到折射率大的物质中，这样就弯曲了。

后来，人们用玻璃纤维模拟这股水流，便制成了玻璃光导纤维。把某一物体对准玻璃纤维的一端截面，不管玻璃纤维弯曲成什么样的角度和形状，都能从另一端的截面上清楚地看到该物体的图像。光导纤维实际上是非常细的圆柱，圆柱的壁能够像镜子一样，把光从上边反射到下边，又从下边反射到上边，如此反复，这样就把光传送到光纤的终端。

如今应用中的光导纤维结构呈圆柱形，中间为具有高折射率的芯材，外面裹上低折射率的包皮，最外面是绝缘的塑料护套。这样特殊的结构，加上精心的选材，使光纤既纤细似发，柔软如丝，又具有高抗拉强度，大抗压能力。同时，光波衰减小，可以多功能传输声音、图像和文字，适应低温环境，抗电磁干扰，耐放射性辐射。光波在光纤中传播不向外辐射电磁波，有很高的保密性能，信息以光速传送，速度可谓是无与伦比。人们用光学纤维——"光缆"，代替传输电话的电缆，实现了激光通信。一根光缆可以传送成千上万部电话和几百路电视的信息，通信能力比电缆要大几千倍。可看出电缆和光缆的通信容量简直不可相提并论。光缆不仅重量轻，而且最重要的是它的成本很低。同样 100 米长的铜电缆和光缆，若传递信息的频带宽同为 40000 兆赫兹，则铜电缆需直径 58 毫米的铜缆 656 股，总重量达 219760 千克，电缆外部的总直径 1458

利用光纤的性质制作的简单的儿童玩具

毫米，价值 1312000 美元。而光缆只要一根直径为 8.7 毫米的光纤，其总重量仅为 6.6 千克，只需 680 美元就足够了。我们再来作一个比较：一根 1000 米长，直径 125 毫米的光导纤维，仅重 30 克仅为铜电缆的十万分之三，价格为铜电缆的万分之五。相比之下，光导纤维真是又经济又实用。

此外，光纤通信代替普通电缆通信，可以节省大量的金属材料，转而使用氧、硅等自然界的丰富资源。因此，光纤通信已经逐渐代替普通电缆通信，信息技术已开始发生划时代的变革。

光纤技术的应用

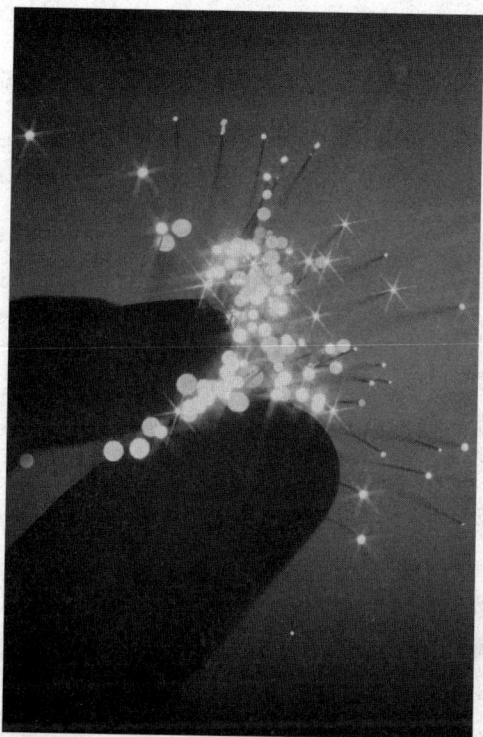

研究人员手中闪闪发光的光导纤维

近些年来，光纤连接器、光缆和光电器件等光纤技术得到了长足的发展。世界各国和地区都在加紧相关产品的开发，光纤技术已在很大程度上改善了人们的生活。英国的电信研究人员使用了一种滤光器，把超小型激光器通过光学纤维，使发出的光脉冲宽度变得非常窄。这样，大大地增加了光学纤维的容量。

1983 年，英国的电信科研人员第一次成功地在 100 千米长的光学纤维电缆上实现了讯号不衰减的传送。通过实践，当讯号在远距离传送衰减时，安装扩大讯号的中继站，相隔的距离可从 30 千米提高到了 400 千米。这就为在海底铺设光学纤维电缆创造了非常有利的条件。目前，英国还正在加紧研制红外线玻璃材料，而这种材料使讯号在远距离传送时衰减极少。

光学纤维是用十分纯净的玻璃，熔融后拉制或喷吹成的玻璃纤维。英国是世界上第一个在电视通信网上使用光学纤维的国家。在全国范围内用这种电缆建立起来的电视通信网，总长达 26 万千米。如今光学纤维正在改变医学领域。1958 年，美国威斯康辛大学研究员巴素·侯索威兹最早用玻璃纤维仪器——内窥镜检查病人的溃疡病，现在这种仪器已在世界各国和地区被广泛使用。

在柔软的管状内窥镜里有两束光学纤维，其中一束会发出强烈光线，而另一束则将放大的器官图像传给医生观看。这种类似粗电线的仪器可放入病人的鼻、口或直肠，医生可用它检查出早期癌症，医治出血溃疡以及割除癌前结肠瘤。

还有一种内窥镜是用硬金属制成的，仅以光学纤维作照明用途。玻璃纤维发出的光，比普通灯泡的光更明亮，而且温度也较低，妇科医生把它放入孕妇的子宫，便可以看到肚子里的生命。

还有一种腹腔镜可以在妇女肚脐附近的割口插入，来方便医生进行快速的绝育手术。另一种光学纤维关节内窥镜，还可放入一个长仅 5 毫米的割口，来检视和治疗受伤的膝软骨，将过去的大手术简化为门诊的快速手术。

我们所说的光纤通信系统主要由激光器、光导纤维、检测器等部分组成。各种信号如声音等，要先经过电话机转变成电信号，再由电信号转变成激光信号。激光信号输入到光学纤维中，就沿着光学纤维的方向，以每秒 30 万千米神速行进，到达目的地后，检测机将激光信号转变成电信号，再把电信号还原为原来的声音或其他信号，从而达到通信的目的。

日本的电讯研究人员则实验成功一种无须中继的远距离光学通信系统，这种系统能通过极细的光缆，传输巨大的信息量。这种光学通信系统能取得成功的关键，主要取决于一种新研制的波长 1.3 微米的"铟－镓－砷－磷"激光二极管（以它作为发光器，在正常温度下能连续振荡）和传输损耗极低的光缆。

光学纤维面板是把成千上万的光学纤维排列起来做成平板状，可用它来传输图像，而且它的光耗相当小。人们利用它的这种特性做成许多特殊的电子束管，像印刷管和微光管等，印刷管可以把荧光屏上的字印下来，微光管可在黑夜观察景物，在军事和公安侦察方面起着重大的作用。

近年来，人们还把强大的激光束沿光学纤维输到一个微小的探头上，把它做成"光刀"，用它来切除皮肤表面的癌细胞，或者用来做精细的眼科手术。激光准分子手术，可以为近视患者摘除眼镜，给人们的生活带来很多的好处。

目前，我国也在加紧光学纤维技术的进一步研究，它已应用在我们生活的各个领域，相信不久定会给我们带来极大的方便。

光卡的信息世界

今天，人们广泛使用各种磁卡、IC 卡，而且这些卡已全方位走进人们生活的各个领域，如金融、信息、交通、教育等各方面，给人类生活带来了极大的方便。随着光子技术的发展和进步，一种比磁卡、IC 卡更为先进的新型信息存储媒体——光卡正在悄然兴起。这种卡是由能透过激光的透明基板和对激光极为敏感、在激光照射下能写入信息的记录层，以及硬质保护层三部分组成的。光卡记录层刻有 2500 条极细的轨纹，可供数字资料来定位。光卡以凹凸式记录方式来记录信息，信息以记录层表面是否出现记录坑的形式存储在光卡内。在输入信息时，用能量为写入时激光束的 5%~10% 的激光束照在记录层上，然后测量反射光，有光时为"1"，无光时为"0"，这样，计算机就能够识别出来。

目前使用的光卡有只读型光卡和读写型光卡两种。只读型光卡只能用于读出信息而不能写入信息；而读写型光卡既能读出信息，也可写入信息。

只读型光卡可用来储存各种图书资料及多媒体信息，可以说是一种小巧玲珑、图文并茂的"电子图书馆"。读写型光卡常被用作病历卡，即"电子病历"。一张小小的光卡，就是一份完整的病历，医生可将病人的姓名、性别、血型、工作单位、家庭住址、电话、医疗保险情况、药物过敏史等个人情况，以及病人的检查情况、诊断结果、处方、X 光照片、心电图检查、B 超检查、CT 检查等诊断信息记录在光卡上。这样一来，医生就可根据需要阅读病历中病人的健康情况及过去的治疗记录，以病人的患病记录、用药记录、各种检查结果等作为参考，从而给病人作出正确、快速的诊断和治疗。

目前"电子病历"在日、美、欧等国家和我国台湾地区已有应用。在其他领域中，如图书供阅、校园一卡通、工程管理、身份证等方面也有用武之地。

与现在使用的磁卡和 IC 卡相比，光卡具有存储量大（约为磁卡的 2 万倍、IC 卡的 250 倍）、存储时间长（10 年以上）、不受磁场干扰、保密性强、不易磨损、成本低等优点，因此应用和市场前景十分广阔。

发光材料的奥秘

科学家在深入研究"布基球"这种足球状分子的过程中发现，当碳 60 分子和多孔材料结合时，还具有发光的性能。1993 年，英国曼彻斯特大学科学技术学院的化学家戴维·利领导的一个科研小组，在把布基球放在一种名叫 VP1-5 的多孔材料中，用激光照射后，结果使含布基球的多孔材料发出了霓虹般的色彩。这种多孔材料和碳 60 分子组成的复合型材料，可用于制造发射各种频率的激光器和平面投影显示屏。

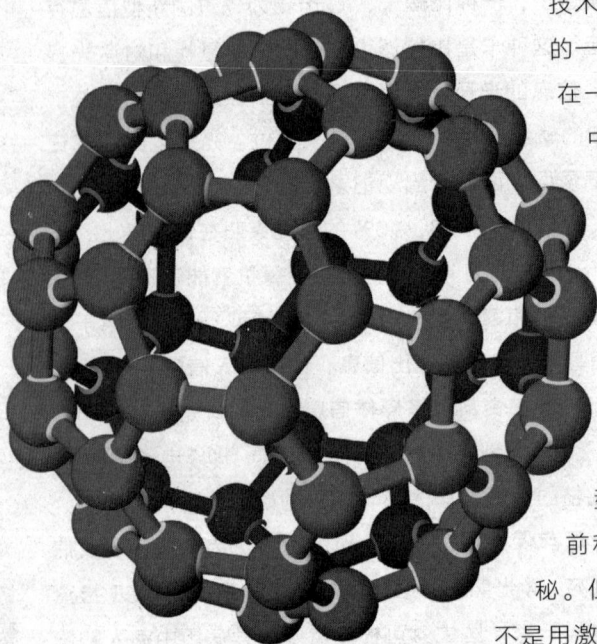

碳 60 分子结构模型图

用激光照射这种复合型材料就能发出彩色光，目前科学家还解释不清其中的奥秘。但让戴维·利真正感兴趣的不是用激光来使这种材料发光（这叫光致发光），而是用电来使碳 60 和多孔材料发光，这种方法叫电致发光，因为只有电致发光材料才有大的商业价值。戴维·利决定想方设法改变碳 60 分子的光学性能。要做到这一点，只有将碳 60 分子限制在很小的尺寸范围内，比如把它限制在薄膜内。

为什么在薄膜范围内就能改变它的光学性能呢？现在我们知道，半导体的光学性能和它的形状有极大关系。比如，块状的多孔硅可以制造出能发出近红外线光的半导体器件；片状的多孔硅则可以制造出发绿光的半导体器件；带状或线状的多孔硅能发蓝绿光；而所谓的量子点多孔硅则发蓝光。

　　于是，戴维·利就想，如果把碳 60 分子密封在一种多孔的矿物氟石的一维孔道（或叫链条式孔道）内，碳 60 分子就可能像多孔硅一样改变光学性能，而且能发出不同色彩的光束。但氟石中的微孔的直径还不到 1 纳米（即 1/109 米），布基球的直径大约为 1 纳米。因此，他决定用另一种叫 VP1-5 的微孔材料代替氟石来捕获布基球分子，因为这种材料中的微孔的直径约为 1.25 纳米。他先将纯布基球溶解在一种苯的化合物中，然后在 50℃ 的温度下将微孔材料 VP1-5 放入其中，在搅拌一整夜之后，溶解在苯中的碳 60 分子就会渗入到 VP1-5 这种多孔材料的微孔中。最后再用苯洗涤一下已渗入碳 60 分子的 VP1-5 材料，以保证没有碳 60 分子粘附在 VP1-5 的表面。在经过了这些处理之后，戴维·利就开始做发光实验。每次实验都用 485 纳米的蓝色激光照射，结果发现，那些纯粹的 VP1-5 多孔材料不发光外，凡是渗有碳 60 分子的 VP1-5 多孔材料都能发光，而且还可发出很强的光。即使用功率微弱的激光照射，在并不黑暗的房间里也可以看到这种光亮。这种复合材料发出的光和单独的碳 60 材料发出的那种较弱的光大不相同。含碳 60 的 VP1-5 多孔复合材料的光谱几乎完全是可见光，因而这样的材料可以作为一种光源在实际中应用。后来，他们将种光源材料申请了专利，专利名称为：富勒氏分子。

　　制造碳 60 发光材料的研究仅仅是开始，要得到不同色彩的发光材料还有许多工作要做，尤其是制造出电致发光的彩色发光材料更有很长的路要走。如果研究有所突破，那么其意义将是非常重大的。

反光材料

在我们的生活中，有许多产品都是用反光材料制成的。

像标准的警示牌就是一种新型回归反光材料制成的。这种材料能够将汽车前灯的大部分光线按原路反射回来，从而使驾驶员轻松看清路标。这种新型照明材料对光的定向反射率比普通油漆要高出许多倍，可见度高达几百米甚至数千米。

大家知道，光的反射有漫反射和镜面反射。为什么回归反光材料能将光线按原路返回呢？其实，这主要归功于其中含有的高折射率玻璃微珠。当光线在一定范围内以任何角度照射到微珠前表面时，由于微珠的高折射作用而使光聚在微珠后表面反射层上，然后反射层将光线沿着入射光线方向平行反射回去，就形成回归反射。当许多玻璃微珠同时反射时，就会出现光亮的景象。

日常生活中随处可见的会反光的交通指示牌

公共场所安装的反光指示牌

经实验表明，当玻璃微珠的折射率接近 1.9 时，入射光线能够很好地聚焦在玻璃微珠的后表面，这时的回归反射效果将达到最好。若折射率小于或者大于 1.9 时，入射光线分别聚焦在玻璃微珠的外面和内部，这时的回归反射效果会有所降低。而我们在实际使用中由于客观条件的影响，玻璃微珠的折射率通常都在 1.9~2.1 之间，而它的直径通常小于 0.8 毫米。如果能在玻璃微珠的后面添加一层反射层，那么回归反射的效果将会更好了。

由反光材料制成的儿童型安全帽

现在让我们来看一下玻璃微珠是怎样生产的：要先把原料在非常高的温度下熔融成玻璃液，再把这些玻璃液经过特殊的喷嘴来使之形成许多雾状的液滴，这些液滴在表面张力的作用下会自动形成规则的球形，冷却后再经过一定的处理，就会得到非常有用的玻璃微珠。用玻璃微珠可以制造出许多回归反光材料，比如反光贴膜、反光布、反光涂料、反光油墨等。这些材料的使用范围遍及公安交通、交通监理、消防、铁路、煤矿等部门，在劳防用品及民用产品中也可以见到它们的身影。

在雨、雾、风沙等能见度较低的天气情况下，反光材料就更能凸显出它的价值。许多发达国家规定公路、铁路的交通标志，车身前后都必须使用反光材料。因为反光材料标志牌在车灯的照射下发出的明亮光线特别醒目，就可以提醒驾驶员相关路况信息，

警察和保安人员穿上这种能反光的衣物，在夜晚执行公务时，可以起到警示作用，确保人身安全

从而提高了行车安全。国际海洋救生机构也规定救生设备必须配备反光材料，从而为夜间搜寻和救生工作提供方便。

在日常生活中，我们可以经常看到交通警察、消防队员、养路工人都穿戴带有反光材料的制服。这些服装上的反光带或者反光标志能够有效地警示驾驶员谨慎驾驶，同时提高了穿戴者的人身安全。现在许多品牌如耐克、格威特、康威等体育用品公司都采用反光材料装饰自己的产品，使服饰在美观、实用的基础上，又增加了安全功能。

制作反光材料是技术含量相当高的工艺，所以反光材料也被应用于商品的防伪。

如今这种神奇的反光材料已给我们的生产和生活带来了许多便利。

与光对话——光致变色有机材料

有机光致变色材料是近年来国际上刚出现的一类新型功能材料，它不仅在高科技领域得到广泛应用，而且在民用行业也崭露头角，国外已有用于服装、塑料等的民用产品。随着人们对有机光致变色材料认识和了解的加深，其应用范围将会扩大到诸如信息产业、装饰材料业、旅游用品、油漆、油墨、印染业、军事隐蔽材料业等领域，并带来极大的经济和社会效益。这已引起了世界各国和地区的关注和重视。

光致变色材料在塑料、涂料、服装上的变色是这样实现的：首先把光致变色材料进行处理，溶于塑料、涂料中，或染到纤维上或印到布上，用这种塑料或布制成的各种日用品、服装或装饰物，在室内或无阳光情况下，它们只呈现的是本色，而当它们处在阳光下，就会变化成各种颜色。塑料制品会呈现出彩色图案，服装或装饰物则呈现出漂亮的彩色画面。涂成各种图案的涂料在日光下也变得艳丽多彩，给人们一个丰富多彩的生活空间；若没有阳光时，它们就会恢复到原来宁静的本色状态。

为什么这类材料的颜色能够随着光照或加热而产生如此美妙的变化呢？其实它的反应机理非常复杂。简单地说，太阳光是由红、橙、黄、绿、蓝、靛、紫等7种色光混合而成的，而光致变色有机材料在光的作用下，它的内部结构就会发生变化，从而就会吸收太阳光中的某些色光，其余的色光就被材料反射并传入人的眼睛，从而就可以显现出材料丰富的颜色。

而且应用光致变色有机材料具有很多的优点，像制作的仪器设备具有驱动电压低、能耗小、反应时间短、发光亮度和发光效率高，以及便于调制颜色、实现全色显示等。此外，光致变色有机材料还具有轻便、易于加工、原料和制备成本低廉、无味无毒，不会对人体和环境造成危害等特点，这些都是传统的光致变色无机材料所无法比拟的。

光致变色有机材料就其用途而言是十分广泛的。可以用于制造假发、指甲油、口红等化妆品，领带、头巾、T恤衫等服饰，窗帘、壁纸等装饰材料，还可广泛用于制造工艺品和玩具、油漆涂料、广告牌、道路标识牌等。这些产品在光照或加热下都会呈现出色彩丰富、变化多样的图案、文字、花纹。不但美化人们的生活环境，而且还提高了生活情趣。光致变色有机材料还可以做成透明的塑料薄膜，贴到或嵌入汽车玻璃或窗户玻璃上，阳光照射时马上变色，使阳光不刺眼，以保护视力，保证安全，并可起到调节室内或车内温度的作用。此外，它还可以溶入或混入塑料薄膜中，来用作农业大棚农膜，增加农产品、蔬菜、水果等的产量和质量。另一个重要的应用就是用作军事上的隐蔽材料，例如应用这类光致变色材料制作的作战迷彩服、战地帐篷、军事武器、车辆装备等具有非常出色的伪装效果，从而更好地隐蔽自己，迷惑敌人，提高自身的战斗力。

科学家正在致力于研究开发一种能够折叠的，或能够穿在身上的显示器件，未来战场上的士兵可以摊开一张塑料纸，来显示实时战情地图，飞行员、士兵和消防队员将会戴上一种用光致变色有机材料制作的头盔，这些都将有力地提高军队的作战能力。此外，有机光致变色材料被人们看作是光信息存储、光学器件制造等方面非常有用的材料。大部分科学家的兴趣都集中在它的光学性质上，国内外学者主要研究的目标是光信息存储，光学性能等方面的工作，只有我国从事其在防伪识别技术方面的应用研究。

如今，我国的纺织印染业、服装业面临着国际市场的激烈竞争，如果我们利用光致变色有机材料和技术对这些传统行业的产品进行升级换代，必将进一步提升这些产业的国际竞争力，创造出更多的就业机会，同时还会给我们带来更大的经济效益和社会效益，促进国家的经济发展。

目前研究光致变色材料最多的国家是美国、日本、法国等，而日本在民用行业上开发比较早。当今，世界上只有日本和美国有少量以光致变色材料制成的民用品出售，比如印有光致变色材料图案的T恤，光致变色材料制成的变色眼镜。但美、日等发达国家把光致变色材料用于民用行业也还处于起步阶段，并没有大规模生产上市，国内还没有看到光致变色材料生产的产品。因此开发光致变色材料，在民用品应用上有很大的发展空间和广阔的市场。

光致变色材料的原料成本便宜，不会增加光致变色服装、布料、纤维、塑料制品、涂料、油漆、油墨等产品太多的原料成本；而且这种材料无味无毒，也不会对环境造成污染；它能带给人们丰富多彩的颜色变化，调节人们的生活环境和生活情趣。

光折变材料——光子计算机的心脏

随着电脑运算和存储速度要求的不断提升，"光硅片"概念在这种潮流下便粉墨登场了，科学家们也开始憧憬和期盼未来光子计算机时代的到来。而光折变效应的发现，更加速了这一时刻的到来。

由于光致折射材料的灵敏性、耐久性和独特的光学性质，使它们有可能用于制造光学计算机的数据处理元件。理论上讲，这些设备将使光学计算机比电子计算机的信息处理速度高很多。

光折变效应是光学材料在光辐射下折射率随光强的空间分布而变化的效应，是一种非局域的非线性光学效应。1966年，当贝尔实验室的科学家们第一次注意到光致折射效应时，他们认为这种现象大不了是一种奇异的特性，而且还是一个十分有害的现象。而今天，光致折射材料正在被制成利用光而不是利用电的新一代计算机的元件，也就是被制成光学计算机的元件。

根据材料的不同，大致可以将光折变材料分为晶体材料和高分子聚合物材料。

光折变晶体是众多晶体中最奇妙的一种晶体。在光照射下可激发载流子，当晶体中有二束光产生空间调制的光强时，引起激发出来的载流子产生空间迁移，使原来中性的电荷分布被破坏，形成了空间调制的分布电荷场，通过晶体的电光效应，感应折射率的调制，即形成折射率相位栅。这种光致相位栅又同光波相互作用，形成光折变效应。

在弱光作用下就可发生明显的光折变效应。利用这一特点，在自泵浦相位共轭实验中，一束毫瓦级的激光与光折变晶体作用就可以产生相位共轭波，使畸变得无法辨认的图像恢复清晰。光

纯铌酸锂晶体，外观光滑，整体光学性均匀

折变晶体还可以在 3 立方厘米的体积中存储 5000 幅不同的图像，并可以迅速显示其中任意一幅；可以精密地探测出小得只有 10^{-7} 米的距离改变；可以滤去静止不变的图像，专门跟踪刚发生的图像改变；甚至还可以模拟人脑的联想思维能力。

被称为"超级晶体"的铌酸锂晶体就属于光折变晶体。这种晶体具有高衍射效率、快光折变响应及强抗光散射能力等多项光电功能，而且总体光电功能指标是最好的。它将有望成为类似于电子学中的硅材料一样的光子学"硅"材料。

目前，我国光折变晶体的研究已进入世界先进行列。掺铈钛酸钡晶体是由中科院物理研究所于 20 世纪 90 年代在国际上首次研制成功的，已在世界上处于领先地位。另外，有应用价值的光折变晶体还有钛、铌酸钾、铌酸锂、铌酸锶钡系列、硅酸铋等晶体。

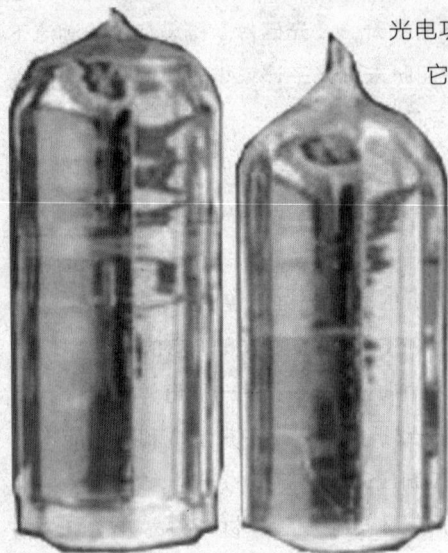

"中国之星"——高掺 Mg 铌酸锂晶体

第三篇 复合高分子材料

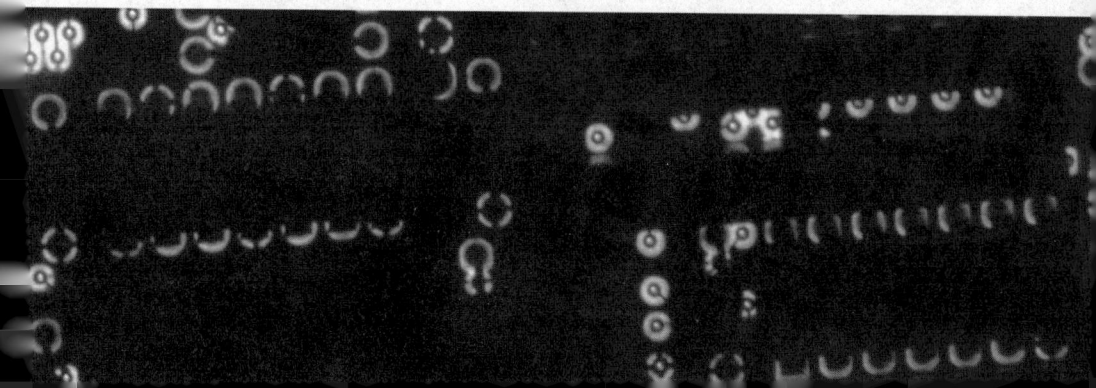

不怕紫外线的纤维

随着生活水平的日益提高，人们对面料与服装的要求也不仅局限于追求舒适、高档，而是更注重于高质量保健功能。

近年，由于大量的氟利昂等含卤素化合物排泄于地球上空，被紫外线分解为活性氯，从而与臭氧发生化学反应，使臭氧层受到破坏，短波紫外线有可能到达地面。人体受紫外线的长期照射，会造成各种不同程度的伤害，如使人容易得白内障，并且免疫功能下降。植物和海水动物的成长发育也会受到阻碍等。

专家预测，到 2050 年，平流层臭氧量将减少 4%~20%。因此，紫外线对人类健康的影响将更加严重。随之而来，防紫外线纺织品也应运而生，防紫外线纤维也逐渐受到人们的高度重视，未来防紫外线纤维将是一种极具开发前景的防护材料。

抗紫外线纤维是在可以制成纤维的高分子化合物里，添加一些可以遮挡紫外光的无机超细粉末，如氧化锌、二氧化钛等；或者添加可吸收和能把紫外线转换为低能可见光和热量的有机化合物；或者将无机的和有机的抗紫外材料混合使用，然后再通过熔融纺丝、或是湿法纺丝的技术，制成抗紫外纤维。

目前，国内外防紫外线纤维的开发工作进展迅速，作为各种纺织品面料，防紫外线纤维必须具有一定的性质。如：有良好的紫外线屏蔽功能；聚合物经改性产生好的持久性；与普通制品一样耐洗和耐烫性好；从聚合物中溶出屏蔽剂，但不产生剥离，安全性好；与混入无机化合物一样，安全性、光稳定性良好，对皮肤无伤害；阳光下穿着感舒适；加工方便，具有易操作性。

在纤维、纱线和织物中添加了紫外线屏蔽剂而制成的防紫外线纺织品，对紫外线的防护能力显著提高，其紫外线屏蔽率一般可达到 90% 以上，甚至在 99% 以上。

我国防紫外线纤维开发相当迅速，尤其是在涤纶防紫外线开发方面取得了突破性的进展。品种有涤纶短纤、涤纶 POY、FDY、UDY、DTY 等，有的涤纶纤维防紫外线的屏蔽率已达 94%~98%。如天津石化公司开发的几种涤纶防紫外线面料，经国家计量研究院测试结果表明，其对紫外线的阻挡率可达 97% 以上，效果也非常好。

目前，市场上的防紫外线服饰大都为化纤及化纤混纺织物，但各化纤应用领域的侧重点有所不同。近年来，我国国内市场上防紫外线的纺织产品日益增多，同时，"纺织品抗紫外线性能评定标准"也已经开始制订。防紫外线纺织品在国内外市场具有很好的发展前景，相信不久的将来，我国化纤行业，特别是生产涤纶长丝产品的企业，将会大力开发防紫外线纤维及面料，以满足消费者需求，扩大市场规模。

铠甲和防弹衣

伴随着人类使用材料的发展，战争中的防备装置也经历了从铠甲到防弹衣的发展历程，它大体上经历了天然高分子材料（植物纤维和兽皮等）、青铜、铁与钢、人工高分子合成材料及各种复合材料的阶段。

石器时代的武器是石块、木棒、石矛、骨矛等，用于护身的防备装置是树藤编成的藤甲或兽皮。青铜时代，青铜兵器促使铜铠甲应运而生，最初用整块铜板护胸，后来将钻孔的小铜片用牛筋或麻绳编缀起来做成鱼鳞铠甲。

东汉三国时期，我国进入铁器时代，铁质刀剑已广泛使用。铁质兵器的犀利，使铜甲、皮甲被铁甲取代。晋代一些少数民族统治者与汉人争地夺权，曾用铁制作铠甲。宋代战争已使用火药，一种以巨竹为筒，内放火药和铁丸、石子的突火枪及元代铜制火铳的发明，为近代枪、炮的出现和发展奠定了基础。促使多姿多彩的防弹衣替代了铠甲。

所谓防弹衣指的是可以吸收和耗散子弹动能，并能阻止它们穿透的护身服装。防弹衣随火器威力的增强，也不断改进。防弹衣大致经历了从金属防护到合成纤维，又由单纯合成纤维到合成纤维再到金属或陶瓷复合材料的发展过程。就其材料性质而言，防弹衣依次经历了三个阶段：硬质材料、软质材料及软硬复合材料。

我国自行研制的软质防弹衣，其技术领先，应用在武警、银行押运员等多种行业人群

硬质材料

第一次世界大战时英国用碳钢板制成第一件重10千克的防弹衣。后用合金钢制造出仅重2千克~3千克的防弹背心，可抵挡高速子弹的直射，其防非贯穿性损伤

能力也强。因其成本低、耐用，至今还在使用。

软质材料

1939 年，美国首次生产出人造合成纤维——尼龙。并用这种柔韧的纤维制成了防弹衣，子弹击中部位的纤维被拉伸，并将子弹的冲击动能分散到周边的纤维上。若子弹穿透力强，或者锋利的弹片将纤维割断，则纵横交错的多层纤维就会将子弹或弹片裹住。

20 世纪 50 年代美军在朝鲜战场上就使用了 12 层尼龙的防弹背心，除稍重、气闷外，防弹效果非常明显。在越南战场，美军将尼龙防弹背心作为正式装备，虽只有 4.5 千克重，却大大提高了士兵的生存几率。

20 世纪 80 年代，随着新材料科学技术的不断突破一种名为"凯夫拉"的商品应运而生，其强韧性比尼龙好，吸收子弹动能的能力是尼龙的 1.6 倍，是钢的两倍，易加工，质量轻，穿着舒适，成为目前制作防弹衣的热门材料。随之而来的是另一种名为"斯佩克特拉"的商品，其防弹性能比"凯夫拉"高35%，重量却减少 1/3，打破了"凯夫拉"在防弹材料中一统天下的地位。

在寻找高强度纤维的过程中，美国人发现一种蜘蛛丝强度特高，是理想的防弹材料。许多国家包括我国，正利用生物基因工程技术，培养有蜘蛛丝蛋白转基因的羊、牛和家蚕，再从羊和牛的奶中提炼出人造蜘蛛丝，或直接由家蚕吐出含蜘蛛丝的新蚕丝。

软、硬复合材料

将软、硬材料结合起来，使刚柔相济，即在软质防弹衣的内衬或外面缝制口袋，插入合适的硬质增强板，组成软、硬复合材料相结合的防弹衣，大大地提高了在重火力情况下防弹衣的安全性能。

尽管防弹衣提高了战士的存活概率，但即使穿了防弹衣也可能被子弹、弹片击中未护及部位，或被高于防护等级的火力击中。因此，我们始终呼吁世界和平。

蜘蛛丝与化纤

蜘蛛丝主要是由甘胺酸、丙胺酸及小部分的丝胺酸，加上其他胺基酸单体蛋白质分子链构成。外观上细腻柔软的蜘蛛丝，具有极好的弹性和强度。其原因在于蜘蛛丝中有不规则的蛋白质分子链及另一种规则的蛋白质分子链。

蜘蛛丝具有十分广泛的用途。由于蜘蛛丝具有强度大、弹性好、柔软、质轻等优良性能，尤其是具有吸收巨大能量的能力，所以蜘蛛丝是制造防弹衣的绝佳材料。另外，蜘蛛丝还可制成战斗飞行器、坦克、雷达、卫星等装备以及军事建筑物等的防护罩，还可用于织造降落伞，这种降落伞重量轻、防缠绕、展开力强大、抗风性能好，坚牢耐用。蜘蛛丝可用于结构材料、复合材料和宇航服装等高强度材料。其强度比同样厚度的钢材高 9 倍，弹性比具有弹性的其他材料高两倍。可用于织造武器装备防护材料、车轮外胎、高强度的鱼网等。在建筑方面，蜘蛛丝应用于桥梁、高层建筑和民用建筑等，大大减轻了建筑物自身的重量。蜘蛛丝还可用于制造高强度防护服、体育器械、人造骨骼、整形手术用具等产品。

蜘蛛丝在医疗卫生方面可用作高性能的生物材料，制成伤口封闭材料和生理组织工程材料，如人工关节、人造肌腱、韧带、假肢以及组织修复、神经外科及眼科等手术中的可降解超细伤口缝线等产品。这些产品最大的优点在于和人体组织几乎不会产生排斥反应。此外，它们使用寿命也较长，通常可达 5 至 10 年。

蜘蛛丝具有十分优良的性能，因此先得到这种蛋白质或类似的蛋白质，再进行纺丝，制备人造蜘蛛丝，长久以来都是材料科学家的梦想。随着现代科技的飞速发展，蜘蛛丝人工制造与工业化应用研究也在不断深入和扩展。人工生产蜘蛛丝通常采用以下几种方法：

蚕吐蜘蛛丝：此法利用转基因技术中"电穿孔"的方法，将蜘蛛"牵引丝"部分的基因注入只有半粒芝麻大的蚕卵中，使培育出来的家蚕分泌出含有"牵引丝"蛋白的蚕丝。

牛羊乳蜘蛛丝：将能产生蜘蛛丝蛋白的合成基因移植给某些哺乳动物如山羊、奶牛等，从其所产的乳液中提取一种特殊的蛋白质，这种含蜘蛛丝基因的蛋白质可用来生产有"生物钢"之称的光纤，其性能与蜘蛛丝相似。

微生物吐丝：此法是将蜘蛛丝基因转移到能在大培养容器里生长的细菌上，通过细菌发酵的方法来获得蜘蛛丝蛋白质，再把这种蛋白质从微孔中挤出，就可得到极细的丝线。这种细菌的繁殖成功，将对纺织服装业产生革命性变革。

此外，一些国家和地区的研究者将能产生蜘蛛丝蛋白的合成基因转移给植物，如花生、烟草和谷物等，使这种植物能大量产生类似于蜘蛛蛋白的蛋白质，提取后作为生产蜘蛛丝的原料，然后进行纺丝。我国也于数年前开始了"生物钢"的研究，科学家成功地将"生物钢"蛋白基因转移到老鼠身上，成功地从第一代小白鼠的乳汁中获得"生物钢"蛋白。

现在的许多纺织物都是由化学纤维制成的，它具有柔软、耐磨等特点，深受人们的喜爱。人类制造化纤的历史已有 300 多年，所走过的历程是很曲折的。

1644 年，英国生物学家霍克在系统地研究蛾蝶类昆虫生理结构之后，提出了人类完全可以用人工生产出丝来的设想。霍克的设想在欧洲学术界和工商界引起广泛注意，因为那时人们常用的丝是蚕丝，产量有限，价格昂贵。为了实现人造丝的设想，许多科学家进行了大量的研究工作。法国自然科学家波翁，曾饲养了很多蜘蛛，探索蜘蛛吐丝结网的奥秘。经过反复实验，他发现蜘蛛的丝是它肚子里的黏液喷射到空气中凝结而成的。于是，波翁剖开许多蜘蛛的腹壁，取出它们分泌黏液的胶囊，收集大量的黏液，然后用人工方法抽成细丝。他经过 3 年的努力，终于制成了世界上第一副"人造丝"的手套。但它是蜘蛛丝做的，因而又细又脆，更不能遇水，稍不留神就会将手套弄破。这副手套成为无价之宝，至今还完好地保存在巴黎国家研究院中。

瑞士科学家奥丹玛斯经过多年的研究，于 1855 年发现用硝酸棉花溶解到酒精里，经过一定的工艺过程，可制出用来抽丝的黏液，这是人工造丝的一个重大突破，这种丝称为硝酸丝。1880 年，英国人斯旺制成了经硫酸处理的棉制灯丝，1883 年又发现了制造多种纤维的方法，最后通过从小孔喷射溶液而制成了硝化纤维灯丝。他认为，这种灯丝有可能用作衣料纤维，并在 1885 年举办的发明博览会上，展出了这种纤维的样品。但是，斯旺未参加利用这种纤维的研究工作。1889 年，法国人查顿把自己合成的硝酸丝织成一件颜色绚丽、光彩夺目的衣服，当时轰动了整个欧洲。但是，这些以棉花为原料的人造丝，不但成本高，而且织成的衣服很不结实，极易燃烧。

科学家们继续探索从廉价的原料中提取纤维丝的方法。1891年，英国化学家克鲁斯和贝文发明了以木材、芦苇、甘蔗渣制造黏液的方法，称为黏胶法，这种从黏液中抽取的黏胶长丝是优良的衣用纤维。1905年，英国建成了第一座黏胶纤维工厂，开始了大规模的工业化生产。这种产品是利用自然植物固有的纤维为原料，叫作"人造纤维"或"黏纤"。1913年，德国制成了以塑料聚氯乙烯为原料的氯纶纤维。1924年，德国人又发明了以聚乙烯酸制成的维尼纶。1931年，美国人卡罗瑟斯发明了尼龙，即锦纶。1941年，英国人惠恩菲尔德和迪克森又发明了涤纶。

美国有机化学家卡罗瑟斯
(Wallace·H·Carothers ,1896-1937)

随着现代科学技术的发展，人工合成纤维陆续发明并投入生产，为化纤工业开辟了广阔的发展前景。

水中溶解的纤维

有一种纤维，泡在水中就会被水溶解掉，如果用这种纤维做成衣服，那么一遇水就会无影无踪了。这种纤维被称为水溶性纤维。

一种叫作聚乙烯醇的高分子化合物制成了这种水溶性纤维。这是一种具有亲水性的高分子化合物，溶解在水里能形成透明的溶液。人们可以在文具店里买到的、装在小塑料瓶子里的透明胶水，就是聚乙烯醇的水溶液。

用尼龙制成的热气球可以做得更大更轻

由聚乙烯醇制得的服装所用的纤维被称为维尼纶。新中国成立初期，我国引进该生产技术，解决了当时穿衣难的问题。维尼纶是由聚乙烯醇溶液经纺丝后再与甲醛反应缩醛化而成的。这种纤维具有棉花一样的吸湿性以及很高的强度，当时很受人们的喜爱。但这种纤维的缺点是容易弄皱，因此涤纶兴起后，它便逐渐退出服装领域。目前主要用于工业方面，它具有耐酸碱、强度高、亲水性、燃烧时不会发生熔滴现象等优点。由于其分子上有大量羟基，因此也常被利用做成特种功能的纤维。

目前，采用特殊的凝胶溶剂纺丝工艺，用不同醇解度的聚乙烯醇可直接纺出在 1℃~100℃ 的不同温度的水中可溶解的聚乙烯醇（PVA）纤维，这是现在世界上唯一可以溶于水的合成纤维。这种溶解纤维在纺织工业上大有前途。

水溶纤维可使织物轻薄化、蓬松化。在纺纱时和棉、毛等纤维混合，制成织物以后再用水将水溶纤维洗去，织物的纱线就会变得很细。这样，便可用比较差的、以往只能纺粗纱的纤维来纺高档的细纱。我们使用的毛巾便是用这种和水溶性纤维一起纺纱的技术制成的。

水溶性纤维还具有通过热压手段使纤维黏合的作用，目前已经广泛应用于化学黏合法非织造布的生产。

有一种用水溶性纤维制成的水刺法非织造布，这种非织造布被用于制作医院的手术服、床单、口罩、病员服、医用纱布、婴儿尿布以及一次性洁净布等用品，使用以后在特殊的容器内用热水溶解后排放到污水处理池进行污水处理即可。

如果对这种水溶性 PVA 纤维非织造布进行特殊的热处理，就可使它的孔隙减小，致密度增加，从而提高产品的屏蔽性能。用于血液感染的防护织物，能够防止血液的渗透及血载病菌的通过，可以预防一些具有较强传染力的血液传染病的传播和扩散。同时，水溶性纤维的吸湿性较好，用这种材料制成的医用屏蔽材料穿着舒适，使产品的屏蔽性能与舒适性能很好地结合起来。

随着科学技术的不断发展，水溶性纤维也会在其他领域争得一席之地。

尼龙纤维

在人们的日常生活中尼龙制品到处可见，但是到底有多少人了解它呢？尼龙作为一种合成纤维，为人们带来了很多方便。

尼龙纤维具有很多优点，在柔韧性、弹力回复性和耐磨性、耐碱、抗酸方面均有很好的表现，另外在吸湿性及轻量化方面，也是无可替代的。美国杜邦与德国 BASF 合作成功地研制出可同时生产尼龙 6 与尼龙 66 切片的免开环新工艺，因此节省了 1/3 的生产成本，从而降低了尼龙纤维的售价，提高了市场竞争力。现阶段的尼龙纤维产品必将朝向更高的目标迈进。

尼龙纤维的弹性很强，因此具有很好的伸长恢复率，而且抵抗形变能力（杨氏系数）也比聚酯纤维低，因此具有柔软及丰厚的质地，可以作为仿蚕丝材料。不同收缩率的尼龙混纤丝经过不同的拉伸及热处理加工便可制得。这种不同收缩率的尼龙混纤丝和超细纤维复合纱制成的织物，在染色与整理加工后，由于织物表面浮出 0.6 旦的超细纤维，因此织物具有柔和的光泽和松软的手感，远高于传统的尼龙塔夫绸的质感。

尼龙纤维具有较轻的比重，因而其织物具有轻盈感。运用差别化中空纤维技术，或是由双十字型断面，呈双轴交差中空结构体，可以得到更轻盈、蓬松的纤维。日本 Unitika 的 Microart 就是运用了这种技术。Microart 纤维中空率达到了 38%，织物蓬松、轻盈、保温性好，而且还具有防水透湿效果。主要被用来做成休闲装或春夏秋装，给人一种不同的感觉。

尼龙的合成成就了合成纤维工业的发展，尼龙的出现为人们的生活增添了光彩。人们形容这种纤维像蛛丝一样细，像钢丝一样强，像绢丝一样美，如今，这种尼龙纤维制品的销售已遍及世界各地。

第二次世界大战后 90% 的尼龙转向内衣生产，尼龙丝袜风靡全球。

截至 2001 年 11 月，我国尼龙纤维工业拥有 81 家尼龙生产厂。2000 年底尼龙的生产设备能力提高到每年 52.64 万吨，生产量也从 1996 年的 26.96 万吨增加到 36.79 万吨，年均增长率为 9.16%。尼龙 66 与尼龙 6 的比率为 4:1，而尼龙长丝和短纤的比率为 9 : 1。但尼龙的供应仍然十分短缺，1999 年国内需求总量为 42.01 万吨，人均尼龙消费量为 0.333~0.367 千克，低于世界人均水平。此外，我国尼龙行业的发展有些缓慢，制造尼龙纤维的原料 60% 以上需要进口。

　　未来尼龙纤维发展的趋势必定是功能多样和高附加值。只有为自己的发展开拓更好的空间，才能独占鳌头，处于不败之地。

奇妙的弹性纤维

　　人们都喜欢穿纯棉和真丝面料的服装，因为它们比合成纤维的服装更具有舒适性，但是美中不足的是，这些织物有容易被弄皱的缺点。为了使其更完美，面料设计人员在设计制造面料的时候，加入了一种像橡皮筋一样有弹性的纤维，用来提高折皱回复能力，它能使产生的折皱很快消失。这种纤维的学名叫作聚氨酯纤维，又被称为氨纶，化学成分为嵌段的聚氨基甲酸酯。

　　氨纶在 20 世纪 50 年代末才出现在人们的视线中，它属于聚氨酯系合成纤维。聚氨酯高分子是由聚醚或聚酯多元醇软链段与氨基甲酸酯基、脲基硬链段嵌段共聚组成的弹性体，这种"柔中带刚"的分子结构使氨纶的物理性质类似于橡胶丝，又优于橡胶丝，是一种高附加值的纺织纤维材料。

　　氨纶是一种共聚物，它是由二异氰酸酯与低聚合度的聚醚或聚酯二醇聚合得到的。它以聚醚或聚酯作为软段形成柔软的拉伸部分，以二异氰醚酯为硬段，组成相互结合的骨架部分。聚醚或聚酯的玻璃化最值转变温度为 $-40℃ \sim 50℃$，而且在共聚物中占有相当大的比例，因而制成的纤维具有很好的弹性。用它做成的衣服，既紧紧贴身，又舒适方便，伸缩自如。例如受人们欢迎的牛仔裤，既要贴身合体，又要使裤子的相关部分既能胀大，又能缩回如初。怎样才能达到这一要求呢？用有弹力的氨纶包芯纱织的劳动布来做，便可以解决这一难题。

　　由于氨纶具有橡胶丝的高弹性，又具有纤度小、强力大、弹性模量大、比重小、染色容易、耐折耐磨和手感柔软等优良性能，因此，广泛用于纺织业上。我们穿的有弹性的衣服里都含有聚氨酯纤维，把聚氨酯纤维与其他的人造或天然纤维交织使用，在不改变织物外观的同时，大大改善了织物的手感、悬垂性及折痕回复能力，给衣服增添额外的舒适度与合身感，同时还可使各种服装保持新的活力。此外将它融入在游泳衣中，可使游泳衣很好地紧贴在身上，减小游泳时水产生的阻力。

　　我们再回过头来看看聚氨酯纤维的基本生产方法。先将聚氨酯放入一种溶剂中溶解，形成均匀溶液，或者直接合成得到聚氨酯溶液，通过小孔将溶液挤入热空气环境中，使溶剂得以挥发，或放入一种能将聚氨酯溶液中的溶剂分离出来的液体中，聚氨酯凝固后形成纤维。现在还可直接将热塑性的聚氨酯放入高温环境中使之熔化，再利用挤出抽丝的方法，来制成聚氨酯弹性纤维。

现在，弹性纤维发展越来越快，年生产能力平均增长率高达 200% 以上。目前，全球已经有 70 多家企业在生产氨纶弹性纤维，产量达 32 万吨之多。为人类创造了很大的财富。

随着全球经济的复苏，人们对弹性服装的需求越来越多，氨纶在时装、运动服、内衣、袜子等方面的应用不断扩大。使得氨纶生产能力的扩大进入了前所未有的高潮。

混凝土开裂与纤维

在 21 世纪混凝土将是我国及全球现代工程建设领域无法替代的主要建筑材料。混凝土适用范围广，价格低廉，易浇筑成型，比较耐久，能源消耗较少，还可利用一些工业固体废料制作节能环保型绿色建筑材料。据统计，全世界平均每人每年混凝土用量达 1 吨多——总计约 60 亿吨左右。因此混凝土是目前世界上应用最广泛、用量最多的人造建筑材料。

尽管如此，但混凝土材料自身也存在一些缺陷，如自重大、抗拉强度低、容易塑性收缩开裂和硬化干燥收缩开裂等，更由于掺用轻骨料、工业固体废渣使混凝土收缩加剧，并使工程不能实现人们预先设想的那么耐久。据有关资料，美国每年有高达上千亿美元用于混凝土的修复，在这方面我国也将花费数千亿元的费用。另外，在美国每建造两座新桥，就有 3 座已有的桥梁正遭到破坏。目前我国正处于大规模的基础建设时期，如举世瞩目的三峡水利工程、青藏铁路、南水北调、西气东输、西部项目等，以及北京申奥成功、上海的世博会所需的建筑物，都迫切面临着解决好混凝土耐久性的问题。

目前混凝土结构耐久性差的主要原因在于各种宏观或微观裂缝的存在，因此合理控制裂缝是提高混凝土耐久性的重要途径。而要治理裂缝，首先要搞清楚它的成因。

根据国内外调查资料显示，工程实践中结构物的裂缝原因，主要由变形变化引起的约占 80%，主要由荷载引起的约占 20%。变形作用包括温度、收缩、不均匀沉降等，其中又以湿度变化引起的裂缝占主要部分。混凝土在浇筑后 4~15 小时左右，水泥水化反应激烈，分子链逐渐形成，出现泌水和水分急剧蒸发现象，引起失水收缩，都发生在混凝土终凝之前，即塑性阶段，故称为塑性收缩。若混凝土水灰比过大，水泥用量大，外掺料保水性差；用水量大，环境气温高，表面失水大等将导致其表面出现塑性失水收缩裂缝，而薄层构件出现此种开裂可能性最大，由于裂缝易于渗透各种介质而使混凝土耐久性明显下降，使用寿命明显缩短，从而造成资源和能源的大量浪费。

鉴于混凝土的塑性收缩开裂对工程质量的危害性及其易发性，许多国家和地区的学者开展了混凝土塑性收缩开裂研究，也开展了掺加少量合成纤维等方法来克服其易塑性收缩开裂缺陷；掺入高弹模纤维和膨胀剂等减少硬化干燥收缩开裂等的研究，取得了较好效果。

上海一厂家首先从对混凝土的塑性收缩开裂机理分析探讨入手，在搞清其机理的基础上采取针对性抗裂措施，开发出了一种纤维，最终解决了混凝土的塑性失水收缩开裂问题。

该纤维主要材料为改性聚丙烯，采用改性母料添加到聚丙烯切片中进行共辊、纺丝、拉伸而制成，并经特殊的防静电、抗紫外线、化学接枝（化学接枝技术是通过化学键的方式使一种外来物质粘附于另一种基体物质之上的过程被称之为"化学接枝"。化学接枝技术最早产生于20世纪30~40年代，其反应条件要求比较苛刻，常需要X射线、α射线、高温、高压和不同的pH值等环境。化学接枝技术最成功的应用是在聚丁二烯基体上接枝苯乙烯丙烯腈，如此制得的ABS树脂具有良好的抗冲击性，是当今应用比较广泛的一种工程塑料）和物理改性等处理，使之掺入混凝土、砂浆中能方便地与其组成材料混合，分散均匀，并大大提高了纤维与水泥基材料的结合力。

常见的路面、桥梁和墙壁的开裂和缝隙，一般情况下，人们对这种情况无能为力

该纤维在混凝土结构建筑中的应用意义重大：采用该纤维，可使普通水泥混凝土免除施工早期的塑性失水收缩开裂，可使塑性失水收缩裂缝几乎完全消失；可使塑性收缩开裂造成的资源、能源浪费得以消除；掺用该纤维能免除掺

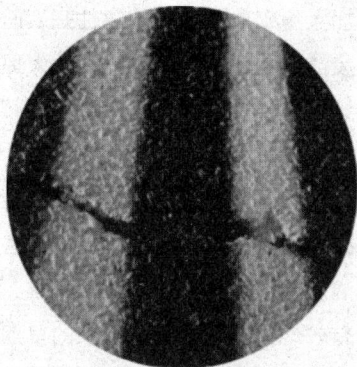

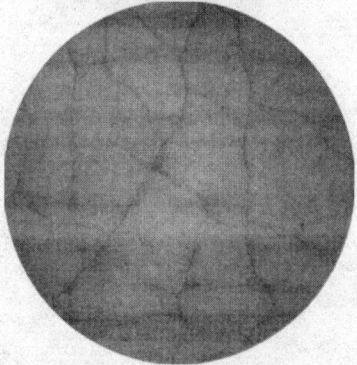

加大量工业废渣后的塑性开裂问题，从而可以提高掺量，最大限度地利用工业废渣；使建筑物的整体性大大提高，抗水渗透能力相对提高，有更多结构的设计可能；掺加纤维后的水泥混凝土建造的建筑物其抗震能力、抗爆裂能力明显提高，从而使建筑物的安全性明显提高。

　　这种混凝土适用于领域工业与民用建筑工程中刚性自防水、薄层混凝土结构。该系列纤维为束状单丝，直径小，比表面积大，按掺量掺入后能使每立方混凝土中分布有数千万根纤维，在混凝土内部形成三维立体乱向支撑体系，极有效地控制混凝土、砂浆的早期塑性收缩，大大减少内部微裂缝；有效阻碍沉降裂缝的形成。能大大提高混凝土的抗裂、抗渗、抗冲击、抗冻、抗紫外线辐射等性能，增加混凝土的韧性和耐磨性，从而使建筑物的寿命大大延长，显著提高混凝土工程质量，同时极大地减少工程维护费用，获得良好的经济效益和社会效益。

新型吸附材料——活性碳纤维

木炭作为一种吸附材料被使用，已有很长时间了。主要是利用其内部复杂的微细孔道结构吸附一些其他的物质，已广泛应用于水源的净化、防毒面具等方面。为了提高碳材料的吸附性能，科学家对此进行了不懈的努力，开展具有优异吸附性能的新型碳材料的探索。

在20世纪60年代开始了对活性碳纤维的研究，美国科学家阿伯特等首先研制成功了黏胶基活性碳纤维，并为此揭开了高效吸附功能材料的新篇章。此后，相继开发出聚丙烯腈基活性碳纤维、酚醛基活性碳纤维和沥青基活性碳纤维等。活性碳纤维主要是由碳原子组成，其中含有少量的氢和氧等元素。人们可以根据实际需要，采用特殊的纤维原料和制备工艺，在活性碳纤维表面引入氮、硫等原子及各种金属化合物。

活性碳纤维是在高性能碳纤维（简称CF）研究的基础上发展起来的。它是以高聚物为原料，经过高温碳化和活化而制成的一种纤维状高效吸附或分离材料。高温碳化就是在惰性气体保护的条件下，控制一定的温度，排除纤维内的可挥发性组分制造孔道空间，并使残留碳重排生成类似石墨的微晶结构。经高温碳化后的纤维，再在高温下用氧化性气体如氧气、水蒸气和二氧化碳等进行活化处理，使其生成具有丰富空洞、表面积形成含氧官能团的活性碳纤维。

国际纯粹与应用化学联合会根据各类孔的结构和尺寸进行了分类：孔径小于2.0纳米为微孔，孔径大于50纳米的为大孔，孔径介于两者之间的为介孔，或者称为中孔。活性碳纤维主要是由微孔组成，也有大孔，根据原料或活化条件的不同，也有少量中孔。

其吸附过程主要包括两方面：环境中的气体分子被不断输送到微孔孔道附近；当气体分子等到达微孔孔道附近时，被微孔孔道所束缚。活性碳纤维的孔道直径分布范围比较小，主要是由微孔组成，同时有少量的中孔孔道，没有大孔孔道。大量存在的微孔使得活性碳纤维的表面积较大，同时，也使其吸附量较高。在活性碳纤维丝束之间存在空隙，可以从外表面向内部输送被吸附的分

子，具有控制吸附速度功能。介孔孔道也起输送分子的作用，可以控制吸附速度，同时还可作为较大分子的吸附点。

继粉末活性碳和粒状活性碳后的活性碳纤维是第三种活性吸附材料。它是一种高科技、新颖、高效、性能稳定、用途多种多样的吸附材料。它具有丰的微孔，大的表面积和优良的吸附性能；还具有优良的还原能力，能吸附大量高电位的离子，并将其还原为单质金属或低氧化态离子；因其良好的再生、重复使用性能，强度好，消耗少，良好的装填性，设备的适应性，而受到各行业的关注。活性碳纤维与粒状活性碳，无论是从吸脱速度、处理量、安全性等方面相比都具有许多优点，因此在各个领域都得到了广泛的应用。

21世纪活性碳纤维将是最优秀的环保材料之一。目前，由于活性碳纤维对低浓度物质具有很强的吸附能力，能够有效地吸附空气中的油漆、涂料等有机物质，对净化空气具有很明显的效果。活性碳纤维除了能够吸附自来水中的三氯乙烯外，对浑浊的自来水也有澄清作用，在饮用水的净化方面，发挥了很重要的作用。另外，在废水处理、贵金属的富集分离和回收、制备医疗器械和作催化剂载体，以及制作电容器和燃料电池等方面也发挥出越来越重要的作用。

未来我们穿什么——新型服装面料

未来人们穿的是什么？未来的服装面料应该更舒适，更健康，应该能够抵抗紫外线辐射，可以调节温度，抗污染，使人体更健康。当然环保是一个大趋势，在衣服拥有浓郁的时代气息和鲜明的个性色彩的同时，也要为人类的自然环境带来好处。

自动清洁服装：这种服装是利用尖端的分子毫微米技术，用包含超微型的面料制成的。它可以自动进行清洁，排斥灰尘。工作原理就像肺中的纤毛通过不断摆动，将沾满细菌的黏液推到喉咙和鼻孔中一样，使你的衣服始终如新。此外，在织物中放进超微型传感器，还可以及时发现衣服的裂痕，然后进行修补。

芳香服装：芳香疗法越来越受到人们的青睐，它是用特定的香味来改变人的情绪以达到心理调节甚至治病的目的。这种服装的纤维中加入了许多极其微小的含有香料的胶囊，它会逐渐破裂，从而释放出香味。

可食用的服装：有一种可以吃的布料，它是由蛋白质、氨基酸、果酱以及铁、镁、钙等微量元素组成的，这种新式的衣服，可供远航、勘探、登山或野外考察人员穿着，当食物耗尽时便可发挥它的作用。

"智能防护"服装：您似乎对此很纳闷儿。这是一种用特殊面料制成的衣服，在受到撞击时会很快变硬，从而达到减缓撞击力的作用，之后又立刻变软，不约束穿着人员的灵活性。这种服装面料平时又轻又软，一旦受到撞击便会在1/1000秒内迅速变硬，而且撞击力越强，反应越快。这种材料是由在高速运动时会彼此钩连的柔韧分子链组成的。这种面料被广泛用来做成运动员使用的柔韧护膝、比赛服、运动头盔和适应跑步时负荷变化的运动鞋等。

保健服装：这种服装是在纺织品中加入非纤维性物质（如陶瓷、玻璃、碳以及塑料等）然后再向其中添加一些能够被皮肤慢慢吸收的天然物质（如维生素、驱虫剂、抗生素等），而制成的。这种面料可以防止细菌的攻击，防止紫外线对皮肤的伤害。如果加入特定药物还可以治疗失眠。

能变色的服装：这是一种会吸收环境光波的布料，从而使布呈现与环境一样的颜色。穿上这种特殊的衣服，走在雪地上，衣服呈白色；走到沙漠中，衣服呈黄色。有的衣服还可以根据温度的变化而改变颜色呢：在28℃时呈红色；33℃时呈蓝色；低温时呈黑色，中间温度时又出现其他颜色。这种服装很适合军队行军和舞台演出，一定很受人们的喜欢。

地理定位服装：这是一种高科技的服装，它里面装有微型移动电话或全球定位系统。穿上这种衣服无论在世界的哪个角落都能准确地显示自己所在的位置，而且误差很小。

"清凉"服装：这种服装是借助一套特殊装置使液态冷却剂沿人体表面循环，从而制造出一种微气候环境，使人体感觉清凉。如果在炎炎夏日有这样一件衣服该是多么惬意呀！

"发电"服装：有一种能够利用太阳能发电的纤维，用它织成"电池布料"来做成衣服，可以为人们随身携带的手机、CD机、游戏机以及手提电脑等提供电源。只要是白天或处在光亮的地方，身上的衣服就能发出足够的电力，而且，它能承受100℃的高温。这为人类带来了诸多方便。

抗静电和电磁屏蔽服装：干燥的空气常常使人们有被静电"偷袭"的烦恼，现在有一种服装可以解决这一问题。将具有导电功能的高分子材料添加到传统的纺织面料中，可制成具有良好的抗静电、电磁屏蔽作用的面料。只要穿上这种面料的衣服，无论在什么时候，都可以免受静电的侵扰，并可以有效地屏蔽电磁波对人体的伤害，这真是一举两得。

随着科学技术的发展，越来越多的、具有神奇效果的、具有特殊功能的新型服装不断涌现，为人类的生活增添了更多的色彩。

古代的天然染料

从植物、动物或矿产资源中获得的、很少或没有经过化学加工的染料，就是天然染料。根据其来源可分为植物染料、动物染料和矿物染料。植物染料有茜草、紫草、苏木、靛蓝、红花、石榴、黄栀子、茶等；动物染料有虫（紫）胶、胭脂红虫等；矿物染料有各种无机金属盐和金属氧化物。植物染料是最主要的天然染料。

我国是最早使用天然染料的国家。早在 4500 多年前的黄帝时期，人们就能够利用植物的液汁来染色。几千年来，我国人民对植物染料的应用已非常广泛，并积累了许多经验，诸如从姜汁中可提出姜黄素，从胭脂虫中可提出胭脂红，从苏木中可提出苏木色素等。我国应用天然染料的经验跟随丝绸一同传播到海外各国，产生了深远的影响。

紫草是一种多年生草本，根粗壮，外表暗紫色，断面紫红色，根含紫色结晶物质乙酰紫草素，可做紫色染料。春秋战国时期，人们已用紫草来染衣服了。可是紫草的数量并不多，很难得到，挖几百千克才能得到 100 克紫色染料，因此身价倍增。诸侯贵族们纷纷以紫绸来做衣服，以显示自己身份的高贵。

我国古代人民很早就利用染料对纺织品进行染色了。这些纺织品，不仅是古代人民的生活用品，也是富有民族风格的艺术品，在世界上享有很高的声誉。《荀子·劝学》中说："青，取之于蓝而胜于蓝。"这里的"蓝"，指的不是颜色，而是一种染青植物。意思是说，青色的染料是从"蓝"这种植物中提取出来的，经过提取后的"青"这种染料，比"蓝"这种原料的色泽更加鲜艳夺目。

周代开始使用茜草，它的根含有茜素，以明矾为媒染剂可染出红色。每100 千克茜草根中，只能提取到红色的茜素 1 千克~2 千克。汉代时我国就有经营茜草买卖的商人了。1972 年，长沙马王堆一号汉墓出土的随葬品中，发现有茜草印染的丝绸织物。

另外，还有许多植物都可以提取天然染料，诸如从木兰属植物的叶子和蓝檀树（产墨西哥）里，可提取蓝色染料；从巴西木中可提取红色染料；从地衣中可提炼紫色染料；从古巴的黄檀木中可提炼黄色染料；从热带含羞草和金合欢树中可提炼棕色染料等等。

有时可以从动物中提炼出染料。古代的欧洲人就是从动物中提取紫色染料的。腓尼基人为了获得一点点紫色染料，要潜入地中海海底去采集海螺，提取一种名贵的紫色染料。几千个海螺才能提取到 1 千克紫色染料，因来之不易，所以只能供王公贵族享用，叫作"帝王紫"。

有一种个体很小的胭脂虫，寄生在多刺的仙人掌上，原产墨西哥。当地人把这种虫干燥后，制成洋红。好几万只这种小昆虫才能提取到 50 克红色染料。它又叫洋红虫。16 世纪初，传到欧洲，成为工业品。

矿石也可以染色，人类最早使用的矿物质着色染料是红色的赤铁矿（Fe_2O_3）和黑色的磁铁矿（Fe_3O_4）。这些五颜六色的石块在自然界中很容易取得，不需经过复杂的处理就可使用。在我国陕西临潼 5000 多年前的姜寨遗址中，曾发掘出一块盖着石盖的石砚，揭开石盖，砚面凹处有一支石质磨棒，砚旁有很多块黑色颜料以及灰色陶质水杯，一共 5 件，构成了一套完整的彩绘工具。我们的祖先已经认识到，在涂色前必须把矿物质粉碎、研磨，磨得越细，颜料的附着力、覆盖力、着色力就越好。天然染料到了 19 世纪中叶，依然很盛行，人们用很多土地种植茜草。那时候全世界每年要割下 10 万吨茜草，供人们提炼红色的茜素。印度是天然蓝靛的主要产地，种植了 6.4 万公顷木蓝。

后来，合成染料异军突起，自问世以来，由于它色彩缤纷、色谱齐全、耐洗耐晒、特别是价格便宜等特点，逐步取代了天然染料，成为纺织品最主要的着色剂。随着人类健康、生态意识的增强，一种重新评估和开发应用天然染料的思潮，目前已成为国际上的热点话题，并且已有成熟的纺织服装产品问世。由于大多数天然染料无毒无害，对皮肤无过敏性、无致癌性，且具有较好的生物可降解性和环境相容性，因此，在高档真丝制品、内衣、家纺产品、装饰用品等领域中拥有广阔的发展前景。

色彩缤纷的人造染料

染料给纺织品、塑料等物品穿上了多姿多彩的"衣服"。现如今，人工创造的姹紫嫣红的染料，比大自然亿万年来赋予的五光十色，更加绚丽多彩。

在古代，染料都是从各种自然原料中提取的，来源既稀少，采制也往往很困难。可是谁又能想到，早期的人工合成染料，是从又黑又臭的煤焦油里提炼出来的呢？

一个世纪以前，人们在炼焦时，得到了大量的煤焦油。当时人们不知道它的用途，便把它当作废料倒掉了。倒在田野里，庄稼枯萎了；倒进河里，鱼被毒死了。煤焦油成了令人讨厌的包袱，无处可倒。

欧洲的钢铁工业在 19 世纪中叶飞速发展，同时也促进了炼焦工业的发展，煤焦油越来越多，环境污染也越来越严重。科学家对煤焦油进行多年的研究后，终于发现煤焦油是宝物，从里面可以提炼出近百种有机化合物。

人们在 1842 年，从煤焦油中提炼出了苯，制成了苯胺。苯胺本身还不是染料，却是染料工业的基本原料，为人造染料奠定了基础，因此被称为"染料之母"。

1856 年，年仅 18 岁的化学系学生伯金在伦敦家中实验从煤焦油合成治疗疟疾的奎宁，得到了一种不能溶解的黑色物质。他从中提取出一些紫色的东西，意外地发现它可用来染色。这就是世界上第一种人造染料——苯胺紫。1957 年，潘琴把这种染料推向了市场。

苯胺紫纯粹是人工制造的，在天然染料中没有这种成分的染料。德国化学家葛累柏和李柏曼在 19 世纪 60 年代末，反复研究了天然红色染料——茜素的分子结构，用从煤焦油中提炼出的茜做原料，用人工方法合成了橙红色的、闪闪发亮的茜素结晶。人造茜素的合成轰动了世界，从此揭开了人造染料历史的新篇章。化学分析表明，人造茜素和天然茜素的分子结构完全一样。也就是说，人们用煤焦油合成了存在于茜草根中的天然染料。把人造茜素晶体溶于碱水，放入白布，白布就可染成红布。人造茜素完全替代了天然的茜素，所以法国大片种植茜草的田地只能改种别的作物了。

德国化学家拜耳于1881年，用人工方法合成了著名的蓝色染料——蓝靛，而且判明了其分子结构。可惜，当时由于制造费用太贵，仍然不能替代天然蓝靛。1890年，贺弗曼发现了用苯胺制造蓝靛的方法，可惜仍旧没有实现工业化生产。

到了19世纪初，德国大染料公司资助这两位化学家共同研究，最终实现了工业的生产。从这以后，天然蓝靛完全被人造蓝靛（现几乎全用萘来制造）所替代。即使在印度，也几乎没有人种植木蓝了。只是在我国有些地方还种植有少量的菘蓝和蓼蓝，因为蓝靛是我国传统的国画颜料。

染料的制造同炸药的制造关系非常密切。例如，甲苯是制造三硝基甲苯的基本物质，而甲苯又能制造出无数的染料。

目前，人造染料的总数已达几万种，经常生产的约有2000种，而且永不褪色。

大多数染料是有机物，对于天然纤维和人造纤维有很大的亲和力。大部分染料都能溶于水，有一部分不溶于水，但经过一定的化学处理（如酸化、还原）后，也能溶于水。

染料原本就有颜色，当溶解在热水里后，被纤维紧紧抓住不放，织品就染上了美丽的色彩。

丝、毛的纤维是蛋白质高分子即几百个氨基酸分子组成。氨基酸中有酸基，也有氨基。酸基呈酸性，氨基呈碱性，容易同酸性或碱性染料分子结合成盐。因此，丝、毛织品不难染色。

棉、麻纤维是中性的聚葡萄糖高分子。它需要用媒染剂做媒介，把染料紧紧地固着在纤维上，把棉、麻织物装扮起来。

1950年以后，新的绚丽多彩的染料不断涌现出来。

1956年，英国制成了一种活性染料，它染出的颜色格外鲜艳，又特别牢固，不怕水洗、皂煮、热熨、摩擦等。原来，它的分子上有活泼的反应基团（如氯Cl），能同棉、麻纤维中的羟基、丝、毛等蛋白质纤维中的氨基、合成纤维中的酰胺通过化学反应，产生新的有色化合物，使纤维染上色泽。它甚至比号称"永不褪色"的阴丹士林染料还牢固，在染料家族中独树一帜。

最早活性染料被资本家当作获取巨额利润的"摇钱树"，严格保守秘密。我国经过不断研究和实验，终于也研制成功，而且质量好，品种也齐全。现在已经大量使用活性染料来印染了。

上百种活性染料的出现，引起了染料工业的一场革命。它染色范围广，价格又便宜，府绸、绸缎、呢绒、哗叽、灯芯绒等都能印染，色彩特别鲜艳，就像春天的花朵一样美丽。

人造纤维和天然纤维本质上相差不大，也很容易染上颜色，因此，人造丝、人造棉也能染上绚丽的色彩。

可是，合成纤维的染色情况就得另当别论了。除锦纶的分子同蛋白质有点相似外，容易染上颜色。其他的如丙纶、涤纶、氯纶等染色就困难多了，因为染料、媒染剂都粘附不上它们，所以人们只好在喷丝前将染料混在原料里，喷出带色的丝，以此使织物有颜色。

丙纶即聚丙烯纤维没有能同染料相结合的基团，而分子排列又非常整齐，用各种染色方法都很难使它的纤维着色。人们在制造丙纶前，将聚丙烯粉末混合镍的化合物，制成金属改性的聚丙烯纤维，再用一种新的丙纶染料，进行分散性染色。

由于新的合成纤维的不断出现，对染料也不断提出新的要求。未来染料的性能将更加多样化，色彩将更加艳丽。

人造染料除了进行染色以外，还有许多奇妙的用途。

日常生活中，红蓝墨水、彩色纸、复写纸、圆珠笔等，都要用到染料。像刚果红、甲基红、甲基紫、百里香酚等人造的染料，都有变色的本领，人们可以利用它们的这种特性来充当指示剂。许多染料在不同的酸、碱溶液中会呈现出不同的颜色，以此来指示化学的反应。例如，甲基橙在酸性溶液中呈现红色，而在碱性溶液中呈现黄色；酚酞在酸性溶液中是无色的，在碱性溶液中却是鲜艳的玫瑰色。

有些人造染料在不同的温度下也有变色的本领，人们利用这种特性，把染料涂在机器上，从颜色的变化来察知机器温度的高低，及时处理故障，以免损坏机器。例如，有一种染料玫瑰红，在30℃以上显红色，30℃以下变成蓝色；有的染料在常温呈紫色，升高到44℃时，就变成白色了。

有些染料经过紫外线照射后，就会闪闪发光。如果用这种染料来书写指路牌、电影院座位的号码，不用灯光也可以使人一目了然，省了许多麻烦。如果用这种染料做舞台背景，在灯光和紫外线灯的照射下，能够使舞台上的景物千变万化，时而金光灿灿，时而银光闪闪，使剧情和场景融为一体。在飞机场、码头、大型工地上，发号人员的衣服和旗子，用发光染料来染色，在晚上指挥工作就很顺利。

　　染印法是洗印电影拷贝的新技术。它根据彩色套印的原理，把彩色底片用分色的方法制成三条浮雕片，再用红、绿、黄三种补色染料染色，然后叠印到空白片上形成彩色图像。

　　人造染料还是地质工作者的"助手"。在石灰岩地区，一些河流会在地面上突然消失，而从别处钻出来。这些河流的来龙去脉常常使人迷惘。有一种酸性荧光黄染料能发出强烈的绿色荧光。当溶液稀释到 4000 万分之一浓度时，肉眼还可辨出它的荧光来，若使用仪器，甚至可将 2 亿分之一浓度的溶液检查出来。倘若将这种染料加入钻进地下的河流中，然后再检查从别处钻出了的溪水，就可清楚地知道河的踪迹了。

　　在海底油管中添加少许荧光黄染料，如果油管有了裂缝，它就会随油漏出来，使附近的海水出现绿色荧光，这样管理人员就很容易发现漏油而及时修理油管。

　　人造染料能给人治病，不少染料还是良药。例如，红汞、紫药水，既是消毒药物，也是染料。外科医生常用的消毒剂雷佛奴尔，也是一种黄色染料。另一种黄色染料苦味酸，可以用来治疗烧伤。人造染料刚果红，用作止血剂，可以加速伤口的凝结，而酚酞，经常用来做泻药。阿的平、百浪多息等染料，也是药物。人造染料还可用来诊断肾脏的功能，即将一种染料从静脉注射，然后观察病人两小时内小便的颜色、尿量，就可知道肾脏功能是否正常。

多功能涂料

涂料，在国防工业、尖端科学技术和人们日常生活中，到处都有它的影子，小到女士头上的发卡、儿童玩具；大到高楼大厦、飞机、大炮、航天飞机、宇宙飞船等，都采用涂料来装饰、保护、标志、伪装。涂料能把人们的生活装饰得绚丽多彩，给人以和谐之美，欢快之感。它可以保护设备、厂房免受机械磨损及各种介质的腐蚀。在国防尖端技术中，用涂料来控制温度、消除噪声、隔热、伪装、防污染、绝缘、防辐射等特殊作用。

感光涂料主要是由线型高分子树脂、乙烯基和光敏剂等组成的。在光照下，光敏剂能使乙烯基起作用，促使膜线型高分子交联聚合，固化成膜。不加颜料的感光涂料，叫作光敏树脂，它具有照相感光材料的性能，可作为印刷业、制印版的新材料。在电子工业中，用于制造印刷电路，如集成电路，大规模集成电路等微型电路。掺入颜料的感光涂料，可作为无线电收音机、电视机的外壳和家具的涂饰，在特定波长的光照射后，能快速干结成膜，木纹清晰美丽，漆膜透亮平滑。

宇宙飞船在太空飞行时，要经得起空间温度剧变的考验。为保证飞行器以及飞行器内部的仪表设备正常工作，飞行器外表都要穿上一件"外衣"——温控涂层。它通常包括金属涂层、陶瓷涂层和有机涂层。它们吸收和反射的热量各不相同，可以用来控制温度。例如，陶瓷涂层和有机涂层吸收热量强，能调低温度，而金属涂层则恰恰相反。只要彼此适当调整配合，就能控制舱内的温度。

工厂需要保持良好的工作环境，就得控制噪声的产生和传播。新型消音涂料的出现，对环境起了很大的保护作用。只要将消音涂料涂覆在金属表面，就能将噪声转化为热能，起到减震、隔音的特殊功效。像一些发泡型消音涂料，几乎可以吸收 96% 左右的声能，消音效果特别突出。

火箭把人造卫星送上太空时，由于它同大气摩擦，表面产生几千度的高温。钛合金和铝合金的火箭外壳容易导热，热量传到里面，会烧坏各种精密仪表。人们只要在火箭外壳涂上一层耐高温涂料，热量就传不到里面去了。这种涂料是一种有机树脂，含有硅、磷、钛、氟、氯、溴等元素，还掺入了云母、石棉等粉末。当火箭高速运行时，火箭同大气摩擦产生的热量，使涂料表面逐渐消融，同时消去一部分热量。涂料在高温下缓慢地形成一层碳化层，紧紧黏合于火箭外壳，它就像一道隔热的屏障，把热量拒于屏障之外。

伪装涂料，能给人以一种假象，而将真相隐蔽起来，给敌方造成错觉，达到反侦察的目的。如有一种抗红外线的涂料，具有红外线吸收性能，高稳定性和热导性。它不仅能模拟天然叶绿素，而且在红外中具有高度的反射，从而使涂有这种伪装涂料的设施、器材及军用装备不论在红外还是全色照片中都很难被识别出来。它的红外光谱具有草木的特点，在丛林里就很难被探测仪识别。它还可以在目标外表涂画出迷彩图，伪装得跟周围环境一样，蒙骗对方的红外线侦察。

第一次世界大战时，侦察雷达的发明一下子轰动了整个世界。后来，人们为防止敌方雷达的侦察，使出了另一招即在物体上涂上一种特别的涂料，来吸收雷达波，使对方雷达失去作用，这种涂料就是雷达波伪装涂料。

可是，如若对方在飞机表层涂上伪装涂料，飞机就可以长驱直入地闯进雷达侦察的范围内，而使雷达失去效果，同样，一方的战舰、导弹以及军事设施等的外表，如果涂了伪装涂料，也不易被另一方的雷达探测到。

伪装涂料为什么能起伪装作用呢？是这样的，伪装涂料是一种能够吸收微波的材料，最早是用动物毛发或玻璃纤维加入炭黑、铁粉等做成的，这种涂料能够将发射来的微波能量的99%转化成热能吸收掉。后来，人们根据这种能量转化的原理，又寻找和研制了许多种新材料。这些材料主要分两类：一类是能够将绝大部分雷达波的能量吸收掉，很少反射回去的吸收型材料；另一类是能够将射来的雷达波散射到四面八方，而返回雷达接收方向的很少，同样也不能形成足够大的微波信号的散射型材料。

涂料的用途还有很多，种类也多种多样，相信随着科学的进步，它会发挥出越来越大的潜力。

奇妙的变色涂料

变色涂料是指受温度、湿度或光的影响而改变颜色的涂料。目前开发的变色涂料多属热敏型，少数为光敏型。热敏涂料的颜色对于温度反应灵敏，变色前后的色差很大，容易观察，而且受使用环境条件的影响很小。

变色涂料可分为可逆变色涂料和不可逆变色涂料两大类。涂料经加热后，变成新的颜色，冷却后又变成原来的颜色，这叫作可逆变色涂料；涂料加热后变成新的颜色，冷却后不能变回原来的颜色，这叫作不可逆变色涂料。

可逆变色涂料通常是由于晶型转变、酸碱度变化而引起颜色的变化。例如，碘汞酸银在 40℃~50℃时会从黄色变为橙红色；碘化汞在 137℃左右时，由红色变成蓝色；用液晶做成的变色涂料，在 33℃~37℃范围内，能随着温度变化而呈现出红、黄、绿、蓝 4 种颜色。

不可逆变色颜料，一般情况下是在物理或化学反应下变色，比如升华、熔化、分解、化合、氧化、还原等。例如，草酸钴在常温下是粉红色的，在大约 30℃的环境里，由于氧化而生成了氧化钴，转变成黑色。

变色涂料在工业和国防上的应用十分普遍。使用时，只要在变色涂料中适当地加入一些黏合剂，它就能牢牢地附着于物体表面，能够均匀着色。电气设备、化工设备等在正常运行时，外壁温度都有一个限度，超过了这个限度，就会发生严重事故。了解外壁温度最简单易行的办法是涂上一层变色涂料。人们根据设备颜色的变化，就能快速判断出温度的数值。在这里涂料起了超温警报的作用。只要超温，人们就可以立即采取措施，防止事故的发生。

医药工业的连续自动高温灭菌过程中，必须随时准确地了解安瓿的温度，以便有效地进行控制。人们用变色涂料涂在安瓿的外壁，根据它的颜色变化，就可以马上知道安瓿的温度了。

不可逆变色涂料的另一个重要用途就是可以测不可能用一般仪器测温的物体。如火箭发射，导弹发射或爆炸时，人们需要测出当时的温度，这是一种很重要的参数。可是，由于发射和爆炸时的温度很高、气浪很大，普通仪器很难接近，也就无能为力了。还有为了准确测定飞机发动机上各种零部件的温度，了解燃气涡轮叶片上的温度分布尤为重要。

以上问题，科学家请不可逆多种变色涂料来帮忙，很快都得到了解决。把变色涂料直接涂在要测的部位上，经实验后，就能得到一幅彩色图样。把这个图样与标准色板相比照，就可知道被测物体的温度分布了。

由于变色涂料的制造方法简单，成本低，在环境中暴露很长时间也不褪色，能耐高温及有机溶剂的洗涤。因此，深受人们的欢迎。

塑料之王——聚四氟乙烯

　　20 世纪 40 年代，一种被称为聚四氟乙烯的工程塑料脱颖而出。由于它具备许多塑料所缺乏的优良性能，因为被人们称为"塑料之王"。

　　聚四氟乙烯是以煤炭、石油、天然气为原料，加上能雕刻玻璃的氟化氢和当麻醉剂用的氯仿这两种物质，经过复杂的化学反应及提纯和聚合而制成的。聚四氟乙烯是一种高分子材料，每一个基本单位是由 2 个碳原子、4 个氟原子组成的。

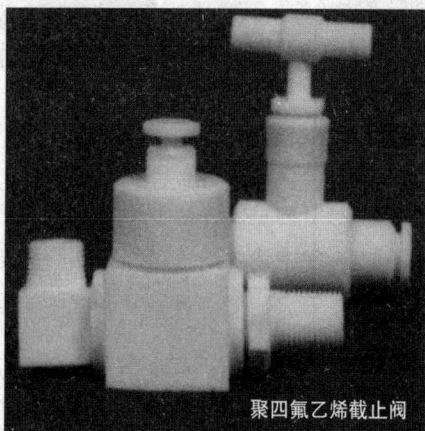

聚四氟乙烯截止阀

　　聚四氟乙烯既能承受高温，又能承受低温，最高使用温度比聚乙烯、聚碳酸酯等要高出 100℃以上；而在 -260℃的液态氢中，它的韧性比其他塑料大一倍还多。聚四氟乙烯还能耐化学药品的腐蚀，无论是强酸强碱，还是强氧化剂，似乎对它都不起作用。它的化学稳定性优于玻璃、陶瓷、不锈钢、黄金和白金。黄金在王水中会被溶解掉，可是聚四氟乙烯在王水中煮几十小时仍安然无恙。原子能工业中的强腐蚀剂——五氟化铀，也不能将其腐蚀。聚四氟乙烯浸在水中，既不会吸水，也不会膨胀。

聚四氟乙烯唇口旋转轴油封

它的润滑性较好，耐磨，磨耗量只有不锈钢的 1%。此外，它还有很好的介电性能，可以承受 500 伏的高压，比尼龙的介电强度还要高 1 倍。

　　聚四氟乙烯在宇宙航行、半导体、超低温研究、机械加工、电器工业、化学工业、食品工业、医药工业等方面都有十分广泛的应用。利用它耐高

聚四氟乙烯管棒

低温的性能，可以制成液氢输送管道的垫圈与软管，以及登月服的防火涂层；利用它的耐腐蚀性能，可以制造化工厂的反应罐、高温输液管道、容器、密封材料、防腐衬里、过滤板、蓄电池壳等；利用它的绝缘性能，则可以做成电器中包裹金属裸线的绝缘材料，从而使电线绝缘。此外，聚四氟乙烯还被用于制造雷达、短波器材以及高频通信器材等。原子工业和航空工业用的特种材料，也都是聚四氟乙烯。

当然，聚四氟乙烯的优点也给制造上带来了许多困难。在高温 250℃以上时它会分解，释放出有剧毒的全氟异丁烯气体，而且这种气体遇水后，会水解放出有毒的氟化氢。另外，即使将它加热到 415℃，也不会成为流动状态，不像一般热塑性塑料，只需将高分子树脂加热后，用灌注、挤压吹塑等方法便可使塑料成型。如果想将塑料王加工成型，必须先预压成毛坯，再烧结，但是，这种制作成本较高，目前生产上还是会受到一定的限制。

聚四氟乙烯被誉为"塑料之王"，当之无愧！它以其独特的性能造福于人类。

塑料之王的王者风范

　　塑料是一种新型的合成材料，目前投入生产的品种就有 300 余种。塑料可以像金属般的坚牢、棉花般的轻盈、玻璃般的透明、黄金般的稳定、云母般的绝缘。无怪乎，有人预言未来的世界是塑料的世界。

　　那么，"塑料之王"到底是一种什么材料呢？它的化学名称叫聚四氟乙烯，是以四氟乙烯为单体聚合起来的高分子材料，商品名称叫特氟隆，被誉为"塑料之王"。它的每一个基本单位是由 2 个碳原子和 4 个氟原子组成，基本原料是由煤、石油、天然气，再加上一种称为氟化氢的气体制成。我国于 1965 年制造成功。

　　聚四氟乙烯的最大优点是耐化学腐蚀，除了熔融的碱金属之外，聚四氟乙烯几乎不受任何化学试剂的腐蚀。将聚四氟乙烯放在浓硫酸、浓硝酸、浓盐酸，甚至王水（3 份浓盐酸和 1 份浓硝酸的混合物，可以将非常稳定的黄金和白金溶解）中煮沸，其重量和性能都没有任何变化，它也不溶于各种有机溶剂中。

　　聚四氟乙烯不吸潮、不会燃烧，对氧和紫外线稳定，在各种气候条件下也不会发生任何变化。它还具有良好的电学性能和耐辐射性能。综合这些优点，使聚四氟乙烯获得了"塑料之王"的美称，它的耐腐蚀性能甚至都超过了不锈钢。

　　大家都可以在商场内的商品架上看到"不粘锅"炊具和"不粘油"灶具，只要有了这种炊具就再也不用担心炒菜、烧饭时粘锅底了，吃完饭后，只要用水一冲，锅就会干干净净，它给苦恼于饭后刷锅的人带来了福音。那么，大家想知道这种锅为什么具有这种优点吗？这就是"塑料之王"的功劳了。人们利用它无可比拟的光滑特性，在锅的内表面涂上了一层"塑料之王"，使得锅的表面十分光滑，所以食物不会粘在它上面，而且，这层"塑料之王"还可以把食物跟铝质隔开，能够避免人体摄入过量的铝呢！

　　聚四氟乙烯作为耐腐蚀材料，还有一个独特的优点。如今，已可以不必全部用聚四氟乙烯来加工这些管道、阀门和泵，而只要在金属制造的管道、阀门和泵的内层喷涂一层致密的聚四氟乙烯涂层，就能起到保护设备和耐腐蚀的作用。这样所用的聚四氟乙烯的量并不算多，但起的作用却很大。对于像化工生产中的反应釜这种大设备显得更合算，完全用聚四氟乙烯加工制造反应釜，价格太昂贵了。如果在反应釜内壁涂一层聚四氟乙烯，成本就会降低很多。

不仅如此，科学家们还在不断努力，利用"塑料之王"的这种性能还可以给人们带来健康。大家都知道，人们的关节会由于一些疾病而受伤、损坏。在用药医治无效的情况下，人们研制出了一种人造关节，用来置换原有受损的关节。然而，如果所制备的"人工关节"不够光滑，在其活动时将会由于摩擦而给人体带来很大的痛苦。在情急之下，人们想到了"塑料之王"的超光滑特性和耐摩擦性，并且正准备用这种方法制备性能优越的"人工关节"。现在，这种"人工关节"的研究正在紧锣密鼓地进行中，我们相信不久的将来，"塑料之王"又会给人们的健康带来福音。

除了生活中到处可以见到"塑料之王"的影子外，在原子能、半导体、超低温研究和宇宙火箭等尖端科学技术中，它也都有广泛的应用。不过，值得注意的是，它的优点也成了制造上的困难，将"塑料之王"加工成型，必须先预压成毛坯，再烧结，成本较高。这是因为把它加热到415℃也不呈现流动状态，不像一般热塑性塑料，只要把高分子树脂加热后，用灌注、挤压吹塑等方法便可以使塑料成型。不过，人们相信"瑕不掩瑜"，在不久的将来，"塑料之王"将会与人们越来越亲近。

形形色色的塑料

塑料的迅速发展要归功于它的优质性能。新型的塑料品种可以通过掺合、共混、共聚、增强等方法改善其性能，以此来满足不同的需求。人们能够制造出像钢铁一样坚硬的塑料，像羽毛一样轻盈的泡沫塑料，像石英一样能耐高温的塑料，像金属一样的导电塑料、导磁塑料、金属塑料等。

最近，科学家研制成功一种能导电、导磁的塑料，这种塑料是在普通塑料中加入导电金属或导磁材料，它适宜于印制印刷线路，装配微型电信器材。随着人们对其进一步的关注和开发研究，这种塑料将得到广泛地应用。

还有一些塑料，可能是人们不曾听说的，它们也发挥着重要的作用。

最近，一种被称为油菜塑料的包装材料由英国研制成功。它是从制作生物聚合物的细菌中提取出三种能产生塑料的基因，再转移到油菜的植株中，经过一段时间产生了一种塑料性聚合物液，然后提炼加工便可得到一种油菜塑料。利用这种塑料加工制得的包装材料，丢弃后能进行自我分解，没有一点污染。

有一种利用向小麦面粉中添加甘油、甘醇、聚硅油等混合干燥，经过热压而形成的半透明的可塑性塑料薄膜被称为小麦塑料，用这种塑料制成的包装优势在于可以通过微生物进行分解。

目前，美国科研人员又研制出一种玉米塑料包装材料，这种塑料极易分解。它是用玉米淀粉加入聚乙烯后制得的，这种塑料适合制作食品包装一体化的包装袋。这种包装可以迅速溶解于水，从而避免了污染源和菌毒的接触侵袭。

英国科研人员也不甘示弱，研制开发出了一种细菌塑料。这种塑料是先用糖培育出一种细菌，然后再通过加工制成与聚丙烯相似的材料。这种材料具有无毒性，且易于生物分解，同样对环境无任何污染。

形形色色的塑料制品丰富了人们的生活，但是，塑料在改善人们的生活质量的同时也带给了人类极大的苦恼——垃圾问题。因此我们应该大力推广可分解的塑料。

　　我们坚信，如果这些可分解的塑料大量代替了现在使用的塑料，那么因塑料垃圾造成的环境污染问题必将得到很好的解决。

能导电的塑料

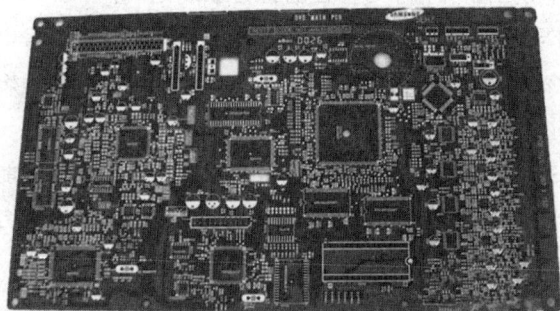

用导电塑料制造的印刷电路板

平时，我们经常会使用一些塑料制成的机械零件和日用品。在大家的印象中，塑料是绝缘、不导电的。然而，你有没有听说过能导电的塑料呢？

塑料能导电，不要说普通人不相信，就是科学家中也没有几个人相信。可是一次偶然事件让它成为现实，参与这项工作的三位科学家也有幸成为 2000 年度诺贝尔化学奖得主。这三位科学家是美国的艾伦·黑格教授和艾伦·马克迪尔米德教授以及日本的白川英树教授，他们是因 1977 年发现导电聚合物——聚乙炔而获奖的。

日本化学家白川英树在 20 世纪 70 年代初，用乙炔气制多炔聚合物，原应得到黑色粉末状物质。由于一位工作人员操作失误，向原料中多加了 1000 倍的催化剂，结果得到了颇像金属的银光闪闪的薄膜。然而这一错误竟然导致了奇迹——一张聚乙炔薄膜合成出来了！白川英树教授欣喜若狂，多年的愿望竟这样意外地成了现实。

后来，马克迪尔米德邀请白川英树到费城宾夕法尼亚大学访问。他们着手将碘掺杂到这一银白色聚合物中，经测量发现，薄膜的导电性比普通塑料增加了 3000 多亿倍。就这样导电塑料被发现了。

像高吸水性树脂一样，导电塑料也属于高分子材料的一种，与金属相比，塑料更容易加工，而且它的重量还很轻。

后来，美国物理学家黑格加入了研究，1977 年，他利用这种薄膜发明了可以弯曲的很薄的电子器件，制出了具有半导体性能的发光二极管。

导电聚乙炔的吸收光谱与照到地面上的太阳光十分相似，也就是说，导电聚乙炔能把太阳光中几乎所有的能量都吸收下来，因此是做太阳能电池的理想材料。

在 1989 年，美国科学家就利用导电塑料代替半导体材料制造出了太阳能电池。除了在开发品种上对导电聚合物的研究外，还在导电机制上、导电聚合物的应用、超导聚合物等方面取得了进展。在应用方面已有许多成功的尝试，如在一些大型计算机房的外壁喷上一层导电塑料，起到了屏蔽作用，也防止了电磁波的辐射。用导电塑料制成印刷线路板的成本仅为铜印刷线路板的 40%。此外，科研人员正在利用导电塑料制作分子大小的道路。

导电塑料可以像金属一样导电的这项发现，使分子计算机、廉价太阳能电池的制造成为可能。更为重要的是，这项科学发现将使人们的思维方式造成巨大的冲击，塑料不再被当作绝缘体看待，它也可以导电了。

身披霓裳的塑料

如今，随着表面装饰技术的迅速发展，塑料制品打破了原来的单色，纷纷穿上了五彩缤纷的服装。塑料的贴花、印花、打印和植绒等工艺技术，将塑料打扮得美轮美奂，也为我们的生活增添了色彩。

用密胺塑料制成的茶杯、茶碟，色泽鲜艳，看起来就像瓷器制品。它与瓷器一样耐热，在水中煮沸既不发软也不褪色。与众不同之处在于，拿在手中很轻盈，掉在地上也不会破碎。它是用三聚氰胺－甲醛树脂作为原料制成的。加工时，首先将印有彩色图案的纸箔贴在模具内，然后将加热熔化了的塑料注入，使其渗进箔中。成型以后，密胺塑料制品表面就会粘上十分漂亮的花纹图案。

将一种特制的过氯乙烯色漆，分别以不同颜色，喷涂在若干块雕刻有不同花纹图案的镂空版上，十分美观。这种漆具有很好的附着力，能紧紧地贴在塑料制品上。肥皂盒、文具匣以及糖果缸等塑料制品中，都采用了这种喷花装饰，图案花纹不仅色彩艳丽而且不易脱落。

有一项技术，在塑料薄膜上印刷图画或照片，图像清晰光滑，比纸的印刷品还要好。印刷时，塑料薄膜被压印滚筒压在印版上，凹入部分的油墨便转印到塑料薄膜上去了。在薄膜下衬上一张白纸，膜上图像就清晰地呈现出来。它被广泛应用于美术月历和塑料包装材料上。

以往，在书籍封面或人造革上烫金，只是利用烫印机，将单调的金属箔转印到制品表面上，工艺十分简单。至于烫印五彩绚丽的图案，是近十几年发展起来的一项工艺技术。许多塑料家具、塑料墙板、电视机以及电冰箱的塑料外壳，都使用了这项技术。

还有一种塑料上的木纹烫印，其过程是：将油墨覆盖在载体聚脂薄膜上，成为木纹图案，然后通过热压作用，将油墨图案转移到塑料制品的表面，最后将载体薄膜掀去。这种经过直接烫印转移的木纹，附着力极强，而且还具有节能、高效、方便、无污染等优点。

一些具有塑料表面的钟表、照相机、打字机、家具、玩具、计算机、文教

用品等，为了使用和装饰的需要，必须在表面标上图案以及说明文字。但是，它们的外形曲面极不规则，无法采用塑料印花、烫印工艺。因此，人们发明了一种塑料打印技术，从而解决了这个难题。

另外，还有一种植绒工艺。市场上的一些挂饰、壁画、金银首饰盒，都饰有黑色、枣红色、杏黄、深蓝、墨绿等各色植绒，美观大方，就像是天然的丝绒织物。其实，它们都是塑料制品，上面的立绒是人工植上去的短纤维，是由羊毛、棉和人造丝加工而成的。塑料植绒有两种：一种是静电植绒，先在塑料制品的表面喷涂一层橡胶型胶黏剂，然后将它放入高压静电场中，使无数悬浮在空间的短纤维，均匀地粘在塑料的表面。另一种是喷涂植绒，先将塑料制品的表面涂上一层胶黏剂，然后用喷枪喷出短纤维，竖直地粘附在上面。

总之，身披霓裳的塑料制品是无处不在，它在满足人们生活需求的同时，也带给了人们精神享受。

发冷光的塑料

我们知道萤火虫能发出美丽的光来，这种光被称为冷光或萤光。一直以来，人们对萤光有很大的兴趣。能不能制造出一种能发冷光的物质来呢？经过科学家的努力终于实现了。

硫化锌、硫化钙等硫化物，在镭射线的照射下，会发出一种浅绿色的荧光。夜光表上的发光物质，便是利用镭射线的这一性质制成的。人们向含有少量铜化合物的硫化锌（或硫化钙）粉末里，添入约 10 万分之一左右的镭的化合物，由于这种镭的化合物能不断地释放出射线，因此在这些射线的刺激下，硫化锌便能发出浅绿色的柔和冷光。如果将这些发光粉掺入塑料中，便可以制成发光塑料。用发光塑料做成门的把手，在夜里很醒目。用发光塑料制成的电灯开关、电铃按钮、街巷路牌、航标、路标等，在夜里会给人们的生活带来方便。人们还制出了发光玻璃、发光粉笔、发光墨水、发光混凝土和发光布等许多新奇的东西。

发光塑料主要是在普通塑料中掺进一些放射性物质，这些物质在放射光线的照射下，被激发从而释放出可见光（冷光）。

塑料作为一种高分子化合物，本身不会发光，人们所见到的发光塑料是用特殊的方法加工而成的。发光塑料与普通塑料不同的是，材料中加入了一些放射性物质和发光物质。放射性物质可以不断地释放出射线，这些射线肉眼是无法看到的，因此，科学家们又在塑料中加入了诸如硫化锌、硫化钙之类的发光粉。这些硫化物在射线的照射下，可以持久地释放出一种可见光——冷光，也就是人们看到的号码牌放出的浅绿色或浅蓝色的光。不过，放射性物质对人体有伤害，最近科学家研制开发了一种稀土发光剂，用它制成的发光塑料不仅符合绿色环保的要求，而且亮度好、发光时间长，还可以呈现出各种不同的颜色呢！为人们的生活增添了不少色彩。

这种发光塑料应用越来越广泛。在开关、电源插座等产品中加入发光材料，既可以增强安全性，又可为人们的生活带来方便。玩具中应用本产品，无毒无害，新颖独特，很受小朋友的喜欢，用于装饰品上，不但形式多样，而且材质坚固、价格便宜。也可用于钥匙链、手机链等小挂件上，美观、别致，满足现代人追求个性的需要。

人们熟知的许多刻度盘，也是用发光塑料制成的。矿井中，竖井罐笼上的安全把手，用的也是发光塑料。罐笼中一般没有照明设备，如果发生跑罐事故，乘罐人便可很快抓住安全把手，避免罐笼坠落。

近几年，人们从动物身上分离出了纯荧光素，又分离出了荧光酶。由于生物发光的效率很高，光色较柔和，于是人们努力模仿它的原理制成了新的人工光源——化学光源。科学家赫劳特等经过 10 年的潜心研究，终于制造出一种人工化学光源。这种化学光源是由双草酸酯、荧光剂、过氧化氢和催化剂等 4 种物质组合而成的。双草酸酯被过氧化氢氧化后释放出能量，然后将这种能量传递给荧光剂，使它发出荧光。加入催化剂可使发光强度变得更大。

现在有一种会发光的足球。在足球球胆内插入一支塑料软管，软管中装有发光剂。当足球被不停地踢来踢去时，软管受到了压力，于是发光剂便开始起作用。这种足球可以连续发光 12 个小时。

目前，还出现了一种化学光源，它是把一种称为苯基醋酸的溶液，密封在十几厘米长的塑料圆管中，然后再向管中放入一支装有氧化剂的很薄很薄的玻璃管。当人们把塑料管折弯时，里面的玻璃管便破碎了，于是两种药品混合在一起，发生化学反应，从而发出很亮的光来。这种化学光源，几乎能将全部能量转换为光能，因此不会散发热量，这被称为"冷光"。一支这样的照明灯，大概能发光 3 个小时。不足的是它只能发一次光。

在不久的将来，人造的冷光物质将越来越广泛地被制成衣服、地毯、墙壁等，电灯也将被冷光替代，生活将变得更加丰富多彩。让我们拭目以待吧！

用植物也能制造塑料

　　生产塑料的原料主要包括石油、天然气、煤及其他矿物质。如果说，用植物也能制造塑料，许多人一定会感到奇怪的。

　　如今，世界各国和地区都在积极发展用植物来制造塑料的技术，因为用于制造这种塑料的原料是非常广泛的。而且国外的科学家已经制造出了一种叫聚交酯的新型塑料。而制造这种塑料的原料就是玉米或小麦之类的普通农作物。交酯聚合物可以制成纺织品和包装材料。并且这种天然纺织品的手感和棉、丝类天然纤维一样，不过它还具有合成纺织品的弹性与耐污特性。美国杜邦公司用玉米制造了一种名为 Sorona 的塑料。这种塑料的用途广泛，可以用来做衬衣，也可以做餐具或是食品包装。而 Metabolix 公司在这方面的研究更先进，它在一种基因修饰过的细菌体内或是植物体内制造了一种 PHA（学名是多羟基链烷酸酯）塑料。

　　日本丰田汽车公司一改传统用石油制造塑料的方法，他们也在 2002 年年底成功地用植物等天然物质制成了塑料。据报道，这种暂时被称为"生物塑料"的新材料以洋麻和一种从植物中提取的聚乳酸为原料混合制成。他们计划将这种材料作为汽车内部的装饰材料。

　　洋麻原产于印度，人们主要用它来生产纸张和布匹。它吸收二氧化碳的能力比一般树木都强，是一种有利于环保的植物。

　　从环保方面来说，植物生长时要吸收二氧化碳，以植物为原料制得的塑料燃烧后放出的二氧化碳量从理论上说应该等于植物所吸收的二氧化碳量，因此不会增加大气中二氧化碳的总量。而石油是由古代植物在地下经历漫长的岁月而生成的，植物生长时吸收的是当时大气中的二氧化碳。人们以石油为原料制造塑料，将生成的二氧化碳排放到了现在的大气中，这是多不合算的事。

　　丰田公司一直都在致力于燃料电池汽车、混合燃料汽车等环保型汽车的开发和普及，这次新材料的使用也是公司贯彻环保政策的重要一环。同时，他们还计划研究用在日本国内能大量生产的番薯来制造聚乳酸，从而降低生产成本，使这一新技术能真正用于人们的日常生活中。

　　我国在这方面也取得了突破性的进展。中国的科学家以一种野生植物魔芋为原料，经过生物改性已制成低成本、全降解薄膜。这种薄膜通体透明，外观与普通塑料薄膜并无明显差异，其抗拉强度、韧性、透明度等性能都可以与同样厚度塑料薄膜相比，其保温、保湿性能还要优于塑料薄膜呢。

　　现代科技正在飞速发展，相信在未来生活中人们将会越来越多地使用这种用植物制造的塑料，它也将会给人类生活和环境带来更多的好处。

换个人造器官

如果机器坏了，换个零部件还可以运行。但是人体的某个器官出现问题，能不能也像机器更换零部件那样更换器官呢？随着高端技术的发展，这已不再是难题。

有一种被称为置换外科的医疗手术脱颖而出。人们用活体组织的器官和人工制造的器官，来换掉被切除的器官。活体组织的器官是指从人或动物身上取下来的还有生理功能的器官，但是这些器官来源困难，不易保存，而且还有排斥反应，所以很难大量使用。于是人们想到了人造器官。

人们最先研制出了人造肾，它就像是一架"透析机"，也可以说是一台模拟肾功能的过滤器。其中有同排出废物相协调的带有微孔的高分子合成膜。血液流入人造肾后，血液中的排泄物就会被选择性地透过这层高分子膜，而血球、蛋白质、糖类以及体内的其他有用物质却不能透过。这种半渗透性膜是由聚丙烯腈硅橡胶、聚酰胺、芳香基聚酰胺等材料做成的。日本已经实现了用尼龙等中空纤维制造人造肾，而且大量应用于临床。这种渗析材料还可以被用来制造人造肝脏、人造肺等人造器官。

还有一种人造心脏是用塑料（如聚氯乙烯）制成的，动力源为 40~60 克的钚 238。这种核动力人造心脏，动力供应时间长且力量分布均匀，有意想不到的神奇功能。唯一的缺点就是它造价太高。

器官移植在许多国家和地区都已司空见惯了。就美国而言，目前每年就有约 2 万多例各类器官移植手术。其中，肾脏移植手术最多，达 1 万例之多，其次是肝脏移植、心脏移植、胰腺移植及肺移植。

目前的人体器官移植技术还不是很完善，还需要人类挑战自然、与疾病作斗争。人体器官移植技术是在不断地克服一个又一个的技术难题，相信会取得很好的成绩。

前景诱人的医用材料

医用材料似乎是人们比较感兴趣的一个话题。追溯到远古，公元前约3500年古埃及人便利用棉花纤维、马鬃作缝合线缝合伤口；墨西哥的印第安人使用木片修补受伤的颅骨。现在，除了大脑之外，几乎所有的人体器官都有了替代材料。人造器官的深入研究与近代材料科学发展关系十分密切。20世纪初开发的高分子新材料则开辟了人造器官系统研究的新领域。起初的研究内容，主要是为了解决医疗和保健的急需。由于各种交通事故以及重大的自然灾害、战争、衰老和病变造成的人身伤害，都需要能够替代人体器官的有关材料，因而作为人造器官替代物的生物材料就产生了。生物医用材料是用来修复或代替人体组织的材料。目前使用的生物医用材料有聚合物、陶瓷、金属等人造材料以及天然生物材料。许多金属材料，陶瓷材料，高分子材料，复合材料等有关材料已广泛地应用于临床中。

有一种用硅橡胶薄膜复合的涤纶和聚氨酯复合胶原蛋白纤维做成的人造皮，效果比较理想，使用也很方便。这种人造皮肤很柔软，与肌肉的粘附性很好，无排斥反应，又具有透水、保湿、排泄等功能，而且不影响自身皮肤的生长。将这种人造皮敷在严重烧伤病人的创面上，既可以保护创面不受细菌的感染，又可以减少体液渗出，使病人脱离危险期。

现如今，缝合伤口的材料已经不是线，而是一种涤纶黏合布，使用时，只需像橡皮膏那样贴在伤口处便能起到缝合作用，十分方便，而且痊愈后疤痕很小。

还有一种特殊的缝合材料，叫作一氰基丙烯酸酯类的黏合剂。医生只需用喷枪将这种黏合剂喷洒到伤口处，在人体组织或少量水分的帮助下，短短的几秒钟，它的线型分子便能聚合成柔软的网状结构，形成一层无毒、强度很大的膜，牢牢地粘附在机体上，保护组织，省去了麻烦的缝合，而且止血很快，并且没有拆线的麻烦。

还有一种聚四氟乙烯纤维、涤纶等做成的人造血管，植入人体内后，机体组织会在这些人造血管内壁逐渐形成一层类似血管内膜一样光滑的组织，不用担心引起凝血。而人体组织也会产生一层类似血管膜的组织结构长入人造血管的网孔，覆盖固定。这样，人造血管就整体被包围在机体组织之中，成为血液流动的通道。

如果人体内的骨头或腱筋断裂了该怎么办呢？坚硬的骨胳可以用特氟纶和石墨纤维的混合物进行修补，包括骨损整容。人们利用金属骨架，外包超高分子聚乙烯做成的修补材料。这种超聚乙烯材料不仅能跟骨与金属牢靠黏合在一起，而且弹性适宜，与软骨的特性相似，耐磨性很好，而且有润滑效果。柔韧的腱筋可以用涤纶或碳纤维编织而成的人造韧体代替。

眼睛是心灵的窗户，如果角膜损坏了，人眼就会失明。人们曾尝试用光学玻璃、水晶、有机玻璃等透明光学材料替代角膜，但是排斥反应太强，因而不能长期使用。经研究发现，用一种不吸水、不易变形的涤纶丝做材料，先编织一定孔径的网，用来固定透光的镜片，再将镜片放进角膜实质层内，人眼就不会对它有任何排斥反应。这样，被修复的眼睛就可以重见光明了。

目前，我国研制了一种紫外线光交联黏合剂，用于牙齿破损处，经紫外光照射几秒钟，黏合剂便会迅速交联成膜，牢固地覆盖在牙齿上，起到修补作用。

现在人类社会正处在一个知识老化和更新同步的时代中，生物医用材料更新了医用材料的概念，创立了新的基础理论，建立了新的研究领域，研制了新一代产品，开辟了新的治疗途径。可以看出，生物医用材料的研究具有十分诱人的前景。

塑料和建筑

塑料作为建筑工业的四大支柱之一，越来越受到人们的重视。

你相信吗？用轻盈的塑料制品可以盖起一座几十层的大厦，而且从梁柱到门窗，全部可用塑料来制造，既轻巧又不失美观。这种房屋不怕水，也不怕火，而且还有隔音绝热的性能。

塑料建材不仅可以大量替代钢、木，而且还有许多优于钢材、铝材、木材等传统材料的性能。它可以明显节约能源，保护生态环境，改善居住条件，提高建筑能力，而且还有较好的防腐蚀性能，自重轻，施工又方便。此外，塑料是节能型材料，它既能节省生产能耗，又能节约使用能耗。以单位生产能耗计算，塑料仅仅为钢材的 1/4，为铝材的 1/8，在采暖地区可采用塑料窗替代普通金属窗，可节省热能耗 30% 至 50%，塑料水管替代金属水管可节能 50%，节能效益非常明显。

目前，世界上每年用于建筑的塑料大约在 1000 万吨以上，几乎占到全年塑料消耗量的 1/4。1 万平方米的塑料地板可替代 250 立方米的木材；1 万平方米塑料窗可替代 1000 立方米的原

塑钢门窗在建筑中的应用很受人们的喜爱

木。塑料还是某些金属制品的替代品，用塑料制得的 15 万件窗户零件，可节省下来 100 吨有色金属。

此外，塑料建材还具有优越的防水、耐老化、防晒、防淋以及耐化学腐蚀性等优点，个别材料更具备良好的黏接性能，可改变流体的黏稠度与流动性及流体固化速度，也有高倍率吸水功能，兼有缓释、絮凝作用等，塑料建材在建筑工程中开辟了新的领域。

建筑物中的给水管、排水管、食用水管、污水管、煤气管、电缆管等都可以用塑料管代替。由于塑料管内壁光滑，所以不易生锈，液体流速较快，各种性能都符合管道的规范要求。塑料管的比重仅有金属管的 1/10，利于运输、安装与施工，使建筑物的重量减轻，安装速度加快，建筑成本降低。

塑料制品还可用于室内装潢。各种塑料墙布、塑料壁纸、塑料面砖、塑料地毯应运而生，人们可以根据自己的喜好，选择不同的颜色及不同的花纹，来装点房间，将居室布置得既舒适又大方。

用塑料制成的地板，从整齐的半硬质塑料地面砖及富有弹性的塑料地板到柔软舒适的塑料地毯，都具有易清洁、耐腐蚀的优点。它们的耐腐蚀性比木板地面要强 5 倍，还具有一定的防火、抗震及隔音的效果。

充气建筑

充气建筑是用合成纤维织物或特殊的塑料薄膜经充气而成的建筑物。就充气支撑方式而言，可分为气肋、气承和气被三种类型。

气肋式充气建筑像肋骨似的排列起来有好多根充气的柱子，支撑着薄膜，结构类似于传统的建筑。

气承式充气建筑是将拼接好的薄膜铺在工地上，边缘就地固定，然后通过充气托起薄膜，形成帐篷式的房屋。出入口还有气锁装置，防止空气漏掉。因为室内气压大于室外气压，因此帐篷能保持平衡。

气被式充气建筑是由中空的两层薄膜缝制成的，充气后便能自己挺立，就像充了气的被子，保暖性好，能承受零下50℃的气温。

充气建筑物的特点是方便、修建快、易搬运，适合于暂时性建筑。而且结构简单，重量又轻，同时还具有抗震、透光、跨度大、造价低等优点。

充气建筑应用十分广泛，它被用来建造厂房、仓库、餐厅、体育馆、剧场、旅行帐篷以及水下建筑，还可以建造大型楼、堂、馆、以及商业建筑等。

让我们来看看充气建筑的材料，塑料或橡胶的薄膜以及双面涂聚乙烯、聚氯乙烯的锦纶、涤纶织物成为这种建筑的首选材料。充气建筑具有自动调节作用，可以调节小范围内的气候。比如在门窗的采光部位，天气热时，里面的气体膨胀，通风口开大，可以很好地通风；天气冷时，通风口自动闭合，达到保存室内热量的效果。运用同样的原理，充气建筑还可以自动调节太阳辐射。太阳光强时，充气壳自动加厚；阳光弱时，则自动变薄。

与我们住的楼房相比，修建一座充气房屋就简易多了。人们根据图纸，用

充气膜建筑体育馆

塑料薄膜制成各种形状的套子和管道，然后将它们
紧密联结起来，形成一个整体，再用一辆卡车将它
拉到工地上，用空气压缩机把压缩空气打入，将
这些套子和管道"吹"起来，一座与众不同的房
子便呈现在人们面前了。

　　充气房可以建得很高。美国底特律市有一
座充气体育馆，差不多有 20 多层
楼房那么高，能容纳将近 8 万多名
观众。

　　充气房屋可以随时迁移，只
需将空气放
出，折叠好搬
上汽车，便可
以运到别的地
方了。人们还

游乐场里的
充气玩具

可以根据不同的用途把充气房屋做成展览厅、剧场、商店或住宅。另外，
充气房屋造价很低，修建一座跟土木结构建筑同等面积的充气房子，造价只是
土木建筑物的 1/15。

　　1967 年，我国就试制成了一座圆形的充气展览厅。目前，充气帐篷、充
气防雨走廊、充气仓库等各种充气建筑物，正在我国广泛使用。

　　近年来，科学家们又开始设计充气桥梁、充气电视发射塔。他们还对充气
人造卫星和建在其他星球上的充气村镇进行了探索性的设计。

　　相信在不久的将来，越来越多的充气建筑，会以它更新颖更奇妙的面目，
出现在人们面前，丰富人们的生活。

塑料电镀和金属涂塑

如今的电镀有了新的创意。一种新型的塑料电镀脱颖而出，它是将塑料制品涂上一层光亮的金属制成的。相反，也可以在金属表面涂上一层塑料，这被称为金属涂塑。

目前，塑料已经越来越多地代替了许多金属的物品。为了使塑料制品更加美观，人们在它上面镀上了一层金属（铜、镍、铬等）。塑料毕竟不是金属，不是导体，因此不能像金属那样直接电镀，于是人们想出了一个办法，先将塑料制品做得粗糙些，使它可以吸附一层易氧化的物质，通过氧化还原反应，从而使塑料制品表面附上一层金属膜，这样便可以进行电镀了。近几年，基于电镀的基础，人们又掌握了一套塑料真空镀膜（金属膜）技术，在塑料薄膜上镀金属层。这样可使塑料制品更美观。

而在金属制品表面涂上一层塑料，可以使金属具有优良的抗腐蚀、耐磨、高绝缘等性能，而且既美观又大方。金属表面的涂塑应用最多的是一种塑料粉末涂覆工艺，即先将塑料加工成粉末，涂抹在金属表面，然后通过加热、熔解、固化等一系列工序，从而形成塑料涂层。

塑料粉末涂覆的方法有很多，主要有流化床熔敷、火焰喷涂、静电喷涂、热敷法等。流化床熔敷过程是：在流化床内，压缩空气使其经过均气板、多孔透气板，使板上的塑料粉末飘散在空气中，接着放入预热的工件，空气中的塑料粉末受热熔融，并且在工件表面固化，形成光滑的塑料涂层。火焰喷涂是通过压缩空气，从而将塑料粉末送进火焰喷枪，然后从枪口喷射出呈半熔状态的塑料粉末，在预热的工件上形成均匀的塑料涂层。静电喷涂是通过高压电源使喷枪的头部带负电，工件带正电，在高压静电作用下，喷枪喷出带负电的塑料粉末，这些粉末又受到带正电的工件吸引，覆盖在工件的表面，经加热烘烤后，再熔融成塑料涂层。最简便的要数热敷法，它只需用一只筛网将塑料粉末筛落在预热的工件上，使这些粉末受热熔融，固化后形成塑料涂层。

同样，为金属穿上塑料外衣，也能产生意想不到的效果。若想使金属管线

运动场馆外的护栏的塑料涂层,
延长了金属网状护栏的寿命

的防腐性能好,使用寿命长,可为金属管涂上一层聚三氟氯乙烯或氯化聚醚,它的抗腐性能大大高于不锈钢管,最重要的是价格便宜。在车床的导轨上喷涂一层低压聚乙烯粉末,可使车床使用寿命延长好多倍。将弹性环氧粉末涂覆在电机的转子铜排上,绝缘性能可以增加0.5倍,而且绝缘层的厚度可以减少一半。如果机械零件损坏了,也可以用塑料来修复。此外,塑料粉末涂覆还可以替代烘漆、喷漆、磁漆以及其他涂料,使产品既光滑又美观。

可降解塑料——绿色世界的希望

　　随着塑料工业的发展和塑料用量的迅猛增加，近年来由其带来的"白色污染"问题已引起了世界各国和地区的关注。由于"白色污染"主要是塑料不易降解所致，因此从根本上解决塑料的降解问题，成为目前塑料行业研究的热点问题。

　　近年来，尽管在市场上，可降解塑料并不常见，但很多人仍看好其发展前景。现如今国际上对乙烯共聚物类光降解聚合物研究最多。研究发现，聚乙烯降解成分子量低于 500 的低聚物后，可被土壤中的微生物吸收降解，具有很好的环境安全性。美国杜邦、德国拜尔等公司和加拿大多伦多大学都利用该技术已实现了工业化生产。我国类似的研究和生产实验也在进行当中。由于受地理、气候、环境的限制很大，所以降解技术的应用和发展将会受到很大的挑战。

　　降解塑料按其降解机理可分为光降解塑料、生物降解塑料和光 - 生物双降解塑料。有人认为，可降解塑料本身的一些特性是阻碍其推广普及的一个主要因素。降解是某种材料在生物、光、氧气、水等自然因素的作用下，材料的物理性能、化学性能发生重大变化，最终分解成对环境无害的低分子化合物的过程。而塑料的物理特性是不吸水、不透气，因此在一般条件下很难实现降解。要使可降解塑料既要保持塑料原有的硬度、防水、防油、防酸等特性，又要保证它在一定时间能降解是很难办到的。

　　欧、美、日等发达国家近年来在生物降解塑料研究方面，投入了大量的资金，加快了产业化步伐，以期在未来的市场竞争中处于领先地位。欧洲捷足先登，目前，英国在超市已开始大量使用淀粉系列、聚乳酸系列可生物降解的购物袋及食品包装袋，每年消费量达 200 亿个。2003 年意大利生物降解塑料市场规模约为 12 万吨。建立在德国东部的巴斯夫公司已推出商品名为"Ecoflex"的生物降解塑料，产业化能力为每年 3 万吨。荷兰 Rodenburg Biopolymers 公司已正成为欧洲生物降解塑料市场的新龙头，其生产能力达到了每年 4 万吨，并计划在最近几年法国、北美和亚洲开设更多的新工厂，其产业化目标之一是在两年内将产品价格降到与普通塑料一样。美国作为一个技术发达的工业大国，在对于可持续发展经济具有重要意义的生物降解塑料的开发利用上更是不甘落后，目前设有开发机构和生产企业十几家，以生产聚乳酸系列的生物降解塑料为主，现已达到每年 14 万吨规模的生产能力。日本玉米淀粉公司同美国合资建立淀粉系列生物降解塑料工厂，生产规模达到了每年 2 万吨；日本化学品公司商品名为"Lacea"的生物降解树脂，用作农用薄膜和堆肥袋，在 2002 年已达到 3 万吨的规模；昭和高分子公司的化学合成脂肪族聚酯产业化规模将达到每年 10 万吨。

降解塑料在我国同样也有广阔的发展前景。据有关部门预测，近年来我国的塑料包装材料需求量将达到 500 万吨，按其中 30% 为准收集的一次性塑料包装材料和制品计算，则废弃物产生量竟高达 150 万吨；我国可覆盖地膜的面积为 5 亿多亩，加上育苗、农副产品保鲜材料等的预计需求量将达到 100 万吨；一次性日用杂品和医疗材料中一部分也是难以收集或不宜回收利用的，预计其需求量达 100 万吨。据此，难以回收利用的塑料废弃物将达到 350 万吨，由此引发的环境问题将日益严重。若其中 50% 采用可降解塑料代替的话，则可降解塑料的需求量将达到 175 万吨，如不能很好地回收处理或降解，将会对农村和城市的生态环境造成严重的污染和危害。

当前降解塑料作为高科技产品和环保产品，已成为当今世界研发的热点，其发展不仅扩大了塑料的功能，而且在一定程度上缓解了环境压力，对日益枯竭的石油资源是一个补充，适应了人类可持续发展的要求，但产量不大。从总体上看，当前可降解塑料仍有待于对技术进行更深入的研究，提高性能、降低成本、拓宽用途并逐渐推向市场。我们相信，降解塑料的广泛使用，必然会带给我们一个美好的绿色世界！

新颖的硅橡胶

在合成橡胶中，硅橡胶可以说是最新颖的一种了。它的结构很特殊。是一种直链状的高分子量的聚硅氧烷，分子量一般都超过了 15 万，因此它和有机硅树脂一样，同属于有机硅聚合物的范畴。

构成硅橡胶主链的硅氧键的性质决定了硅橡胶具有天然橡胶及其他橡胶所不具备的优点，它具有很广的工作温度范围（-100℃~350℃），耐高低温性能优异。此外，还具有优良的热稳定性、电绝缘性、耐候性、耐臭氧性、透气性、很高的透明度、撕裂强度，优良的散热性以及优异的黏接性、流动性和脱模性，一些特殊的硅橡胶还具有优异的耐油、耐溶剂、耐辐射及可在超高低温下使用等特性。在使用温度范围内，硅橡胶不仅能保持一定的柔软性、回弹性和表面硬度，机械性能也较稳定，而且能抵抗长时间的热老化。

由于硅橡胶特殊的性能，可用于模压高电压缘子和其他电子组件，使制品具有极好的耐漏电起痕性、优良的脱模性；用于生产电视机、计算机、复印机等，具有良好的散热和绝缘性能。它还用作要求耐候性和耐久性的成型垫片、电子零件的封装材料、汽车电气零件的保护材料。硅橡胶可用于房屋的建筑与修复，高速公路接缝密封及水库、桥梁的嵌缝密封。硅橡胶也可用于附着力强、抗风化、耐碱、耐水涂料。

硅橡胶无味、无毒，特别适合应用于食品工业。另外，硅橡胶还可以用于医疗领域中。若在其中加入微量的稀有金属，则可制造出不透 X 射线的硅橡胶；若加入一些肝素，则能制造出具有增强抗凝血性

安全无毒的硅胶奶嘴

能的硅橡胶。

医用硅橡胶可用于制造多种口径的导管、导尿管、静脉补液插管、补肠瘘薄膜等。海绵硅橡胶、硬性无孔硅橡胶管等可用来修补人体的缺损。

硅橡胶做成的人造器官是最理想的。硅橡胶制品既柔软光滑，又有良好的透明度，对人体无毒性反应，它具有生理惰性和耐老化性，人体的排异性很小。它同人体组织、血液和分泌物长期接触，也不会起变化，安全可靠。因此它被大量用于制造人造血管、人造瓣膜、人造心脏、人造关节等器官；也用于制造体外应用的人工心肺机、人造肾脏等，还可用于制造药用瓶塞、牙科材料和避孕用具等。在医疗卫生工作中，硅橡胶正扮演着越来越重要的角色。

医用的硅橡胶管

氟橡胶及其他

氟橡胶是特种合成弹性体，其主链或侧链上的碳原子上接有电负性极强的氟原子，由于 C-F 键能大，且氟原子共价相当于 C-C 键长的一半，因此氟原子可以把 C-C 主链很好地屏蔽起来，保证了 C-C 链的稳定性，使其具有其他橡胶不可比拟的优异性能，如耐油、耐化学药品性能，良好的物理机械性能和耐候性、电绝缘性和抗辐射性等，在所有合成橡胶中其综合性能最佳，俗称"橡胶王"。主要用于制作耐高温、耐油、耐介质的橡胶制品，如各种密封件、隔膜、胶管、胶布等，也可用作电线外皮，防腐衬里等。在航空、汽车、石油、化工等领域得到了广泛的应用。在军事工业上，氟橡胶主要用于航天、航空及运载火箭、卫星、战斗机、新型坦克的密封件、油管和电气线路护套等方面，是国防尖端工业中无法替代的关键材料。

一般的合成橡胶，大多抵御不了强酸碱，特别是高热无机试剂和有机溶剂的进攻，可氟橡胶却对它们"毫无惧色"。被人们誉为"刀枪不入"的材料。氟橡胶还可以在 -60℃~500℃ 宽的温度范围内正常使用。这是由于氟橡胶中的 C-F 键的键能比一般的合成橡胶要大得多，而且除这种基本键外，还含有另一种 C-H 键，使它具有一定的弹性。

可用做耐火墙上的涂料，宇航员的衣服、气囊的喷涂料的羧基亚硝基氟橡胶在纯氧中不燃烧。在氟橡胶中掺入一些金属粉末，可制成导电的橡胶。用它制成热水袋，一通电，袋中水就会变热。用它制成衣服，一通电，衣服会变得很暖和。

宇宙中有很多会给人体带来伤害的辐射线。以往，宇航员穿的是价格昂贵的氟橡胶镀金属铬的镜子。现在，在薄板上改涂一种聚氨酯漆，再真空镀铝。这种反光镜比镀铬镜还亮，而且价格又便宜。这种涂漆镀铝的工艺，还可以用于制作包装香烟的锡纸、各种美丽的金银线等。

如果在家庭、工厂和商店等建筑的内墙和天花板上，涂上一种特殊的卫生油漆，人们一走进去便会闻到阵阵芳香。原来，这种油漆里加入了杀菌剂和香料，能缓慢地挥发出药剂和香料的气体来，既能够驱散或杀死苍蝇、蚊子、蟑螂和一些细菌，又能使室内散发出宜人的清香，真是一举两得。

过去，电线、电缆经常被可恶的老鼠咬坏，造成严重的停电事故。现在，已有一种卫生涂料问世，它含有大量的放射性菌酮、硝基苯乙烯等药剂，专供涂刷电线用，老鼠闻到这些药物，就会远远躲开。

胶黏材料

钢板、钢管和各类钢材可以通过焊接、铆接和螺钉连接等方法结合起来，铁路的钢轨、轮船的外壳、大桥的梁柱，大多都采用这些方法来建造。但实际上，铆、焊工艺存在不少缺点，例如焊接，它没法焊接很薄的钢板，也不能将钢材同铝、铜等有色金属焊接。又如用铆接、螺钉来连接，需要钻孔，既增加了重量，又影响牢度，而且十分费工。

现在，人们采用新技术即黏合剂连接的方法，将两种物质黏合在一起，既牢固，又轻便。

不仅钢和钢能用胶黏剂粘结起来，而且钢和铜、铝或其他金属，钢和玻璃、陶瓷、塑料、水泥等非金属材料，也可以黏合起来。

我国很早就知道使用胶黏剂了。胶结技术的使用已有几千年的历史了。古书《齐民要术》里就有关于胶黏剂的制造和使用方法的记载。

古时候，人们是用水煮动物的皮和骨，做成黏质的胶，用来胶结家具、织物和纸张的，这种胶具有很强的黏结力，通常叫作动物胶，也叫皮胶、骨胶。

淀粉作为胶黏剂也有很久的历史了，而且使用非常广泛。它以玉米、红芋及含淀粉的其他植物为原料，制作工艺简单，价格便宜。淀粉是一种葡萄糖的聚合物，分子中带有能成糊的支链和能够促进糊胶凝结的直链，所以成了一种很好的胶黏剂。

20 世纪 30 年代以来，出现了一类新型的合成胶黏剂，它们大多以合成树脂或橡胶为基本材料，来满足现代工业部门，特别是航空、航天业的需要。

胶黏剂的种类齐全，根据主要成分的化学性质可分为有机胶黏剂和无机胶黏剂两大类。根据胶黏剂的特点可分为水溶性胶、热熔性胶、厌氧胶、固化性胶、瞬干胶、导电胶、织物胶等。

以有机物为主要成分的胶黏剂为有机胶黏剂，如贴邮票、信封的糨糊，粘拼木板的鳔胶，主要是来自动植物的天然产物，叫作天然有机胶黏剂；装订书籍的乳胶，粘补丝袜的尼龙胶，胶合钢铁、玻璃、塑料的环氧树脂胶，是由树脂、合成橡胶等高分子材料合成的，叫作合成有机胶黏剂。

以无机化合物为基本材料的胶黏剂为无机胶黏剂，它的"家族"也很庞大。例如以硅酸盐、硼酸盐、磷酸盐等为主，加入一些其他无机化合物，就做成了各种性能良好的无机胶黏剂。

现代的胶黏术比铆焊等机械工艺更优越。一颗6毫米直径的铆钉，最多只能承受1000~2000牛顿的力。而且铆接产品的结合面是一个个铆钉，使铆接产品受力很不均匀。用高强度的胶黏剂把两块钢板粘结起来，胶结强度超过了3000牛顿每平方厘米，最高可以达到4000牛顿。用三滴氰基丙烯酸酯胶黏剂，就可以把一台大型拖拉机吊起来。而用乙炔焊接，不仅会产生高温，而且有损材料的强度，容易造成其变形。胶黏就不同了，粘结面上受力均匀，不会变形，不受材料的限制，比铆焊具有更大的牢固性和可靠性。

多才多艺的胶黏剂

胶黏剂的品种五花八门，在电子业、轻工业、医药业、机器制造工业、建筑业等部门都有广泛的应用。

在一定条件下，能把同一种类或不同种类的固体材料，通过界面黏合在一起的物质称为胶黏剂，它是一种粘结材料。

把半导体收音机的各种元器件固定在线路板上，经常要用到烙铁和焊锡，这有时会产生假焊现象，或者把晶体管烧坏。近年来生产出一种能导电的胶黏剂，它能代替焊锡的作用，只要将导电胶在需要焊接的地方滴上几滴，再将元件往上一插就粘住了。国外已将导电胶广泛地应用于装备各种电子设备，使用很方便。

做衣服过去都得使用针和线，现在有了织物胶，就可以不用针线来做衣服了。先将布料根据大小尺寸裁剪好，在两块布搭接的地方涂上织物胶，用熨斗一烫，一件衣服就做好了，比缝制的强得多。这种胶在工业上用途很广，如制造帐篷、汽车帆布、炮衣等。制鞋厂制作胶黏皮鞋时，就是用织物胶将鞋面和鞋底粘结在一起的。这种胶很柔软，不怕水洗，是用天然乳胶为基体，掺加防老剂等制成的，牢度很好。

瞬干胶又叫快干胶，使用时不用加固化剂，不加热，也不加压，甚至被粘物表面无须经任何特殊处理就可以达到最终胶结强度，使用方便，固化速度快。它能够把各种金属或非金属材料黏合起来，还能成功地黏合人的伤口、血管、食道和皮肤，避免了复杂的止血缝合手术，减轻了病人痛苦。它之所以黏合得这么快，是因为它同空气中微量的湿气快速起化学反应的结果。

现如今使用的聚丙烯酸酯类快干胶，是用相应的聚合物溶于适当的溶剂制成的，有些也以单体形式使用。单体是黏度很小的芒明液体，只要有微量水分或湿气存在于被粘物表面，单体就在室温下自行聚合成高分子物质。

煤气管漏了，需要快速堵上，但又不能用电焊或火焊，用普通的胶黏剂需要一定的时间才能粘牢。如果用快干胶加上水泥等填料，只需几秒钟到 1 分钟就可解决问题。

近年来，新发展起来的厌氧胶很受人们的青睐。厌氧，顾名思义是讨厌氧气的意思。这种胶黏剂的使用范围特别广泛。当胶结面同粘结物紧密接触，排除了空气时，厌氧胶马上由原来的液体变成固体，同时将两块金属牢固地粘结在一起。

机器在快速转动时，由于较大的震动，螺丝经常会松动，影响机器的安全产生。如若在机器装配前，先在螺丝上滴几滴厌氧胶，再把螺母拧上，由于螺丝和螺母配合紧密，它们之间隔绝了空气，于是厌氧胶就很快固化，使螺丝和螺母牢固地黏合在一起，丝毫不会松动。汽车、拖拉机、飞机和机床等大型机器，都有较大的震动，厌氧胶已被广泛地用来紧固螺丝。

最早在建筑中使用建筑结构胶，开始于 20 世纪 50 年代的美国，是用来修理新泽西州一座桥梁的桥面。

澳大利亚悉尼歌剧院是一座雄伟壮观、造型新颖的建筑物。整座建筑洁白晶莹，犹如颗颗贝壳，又像漂浮在海面上的张张白帆。建筑物为壳形骨架，上面敷设扇形钢筋混凝土构件，蒙覆而成，它有着接近于 20 层楼宇的高度。扇形结构多变，形大体重，要把它们牢牢地敷在骨架上作为壳顶，如采用钢筋焊接、混凝土缝合的施工方法，不仅造价高，牢度不够，而且也不美观。

建筑工程师大胆采用了高分子材料——建筑结构胶，对复杂的构件进行了胶结黏合。这种胶在常温下只需 16 个小时就干固，达到正常的强度。不仅施工工艺简单，而且加快了工程的进度，整个工程于 1973 年竣工。歌剧院吸引了千百万旅游者，被人们誉为"世界第八奇迹"。

闻名世界的澳大利亚悉尼歌剧院

建筑结构胶为什么胶黏效果这么好呢？原来，它的主要成分是改性的环氧树脂，还有填料和高性能固化剂。环氧树脂分子中含有许多化学基团，能与被粘结表面产生很强的粘附作用。常温下，它与固化剂产生作用，就使金属、混凝土块等粘结起来，并变成不溶不熔的网状结构。

建筑结构胶已远远超过混凝土的机械强度和粘结性能，已经成为广泛应用的新型建筑材料。它特别适合于复杂结构的屋盖等粘结，高大构件的补强加固以及高大梁柱节点的粘结，托架、板块的粘结等等。它对构件的连接，比机械加工中的铆钉、电焊受力要均匀，不会变形，而且耐疲劳，抗裂性更强，是一种比水泥砂浆更理想的建筑材料。

高分子时代

高分子化合物其实就是分子量很大的化合物，碳是它们的骨干元素。碳原子和其他元素的原子结合成一个个小单元，这些小单元又连成串，好像铁环一个套一个连接成长长的链条，成为网状。有的长链上还有支链，有的长链同长链之间连着短链。它们彼此纠缠在一起，吸引力大，不易分开，较难断裂，加热也不会一下子变成液体，因此具有较好的弹性、塑性和强度。每个分子由几万、几十万个原子组成，分子量可达几千、几万、几百万甚至更高，被称为分子世界的"巨人"。然而，我们每个人每时每刻都离不开高分子。在活的机体中，大约60%是低分子量的水，而剩下的40%中有一半以上是高分子。同时与生命构造有很大关系的酶、遗传因子或染色体等也和高分子密切相关。其次，我们的衣食住行以及许许多多日常生活用品都是高分子的产物。简单地说，人们吃的米、面、水果、蔬菜、鱼肉，穿的棉、麻、丝、毛等，都是天然的高分子化合物。

合成高分子材料的出现，大大减少了天然材料的用量，它的崛起和迅猛发展，是由于制造它的原料非常广泛，而且十分丰富，主要有石油、天然气、煤炭和农副产品等。其中特别是石油，已成为合成高分子工业的主要原料。

在人类活动的各个领域中，高分子材料已经得到了广泛的应用。从衣服的纽扣到人造卫星，到处都有高分子材料的踪影。许多领域由于它的出现而产生了根本性的变革。塑料在机械工业和建筑业中，已成为基本原材料。合成纤维大大增加了纺织品的品种，使人们的衣着、日常用品更加丰富多彩。高分子绝缘材料的出现，使电器和新兴的电子工业得到了飞速的发展。

合成高分子材料加工简单，生产快速，合成高分子材料只要稍稍改变链的结构形式，或者在链上加几个特殊的"基团"，就能够较容易地得到各种新的品种，获得耐高温、抗低温、耐腐蚀、抗氧化以及电、磁、光、生理、催化等一系列特殊的新功能。

20世纪50年代，无机高分子材料开始出现。到了70年代，它已为科学研究和工业技术提供了许多性能优异的新材料。

有机高分子化合物可以分为天然有机高分子化合物（如淀粉、纤维素、蛋白质天然橡胶等）和合成有机高分子化合物（如聚乙烯、聚氯乙烯等等），它们的相对分子质量可以从几万直到几百万或更大，但它们的化学组成和结构比较简单，通常是由无数个结构小单元以重复的方式排列而成的。

一种橡胶玻璃，含二氧化硅60%~94%、氧化镁6%~40%。它透明如玻璃，柔软如橡胶，既不怕碰撞，也不怕摔打，掉在地上会像皮球那样弹跳不停。这种橡胶玻璃是用无机化合物和金属盐类作用生成的树脂样的物质。它可塑性强，可弯曲、剪切，可做成各种形状的制品，能用做汽车、飞机的安全玻璃等。

玻璃气球是采用无机高分子化合物中具有橡胶性质的玻璃或玻璃陶瓷制成的。这种玻璃可以任意弯曲、拉伸，或者制成薄膜。在薄膜球内充进氦气或氢气，便可以飘浮于空中，其寿命要比橡胶气球长几千倍。

一种硬而轻的复合材料是在水玻璃（硅酸钠）中，加进少量碳酸钙或硼酸和发泡剂（尿素），经过干燥粉碎，然后烧结成为泡沫玻璃，再把直径10至25微米的这种泡沫玻璃混合在环氧树脂中制作而成的。利用这种新型材料，可按复合的比例适当地调整，来代替钢材制成各种海洋科学用船的船体，还可以用作海洋建设材料，如浮筒、浮动码头、海上浮动城市等。

高分子材料，可以制成一种新型永久电池。这种电池的内部，由类似夹心面包的层状无机高分子材料组成，主要有三硫磷化镍、正丁基锂等。它既能像干电池那样微型化，又能像蓄电池那样多次使用。

陶瓷基复合材料，也是一种高分子化合物。它克服了一般陶瓷的脆性，其应用已涉及空间探索、科研、生产、建设的各个领域。而在普通工业领域，陶瓷基复合材料应用于切削刀具、阀及阀座、泵衬及挤压模具等。其性能远优于硬质合金和普通陶瓷材料。其中应用得最普遍的要算切削刀具类，它几乎占工程陶瓷产量的2/3，各种高强度、高硬度、耐热合金等难切削材料越来越多地被采用，给切削加工带来了很大的困难，另一方面对普通材料的切削加工也存在着一个提高生产率和适应大规模自动流水线生产要求的问题，因此，刀具的开发已成为世界各国和地区都非常重视的新型研究。

有一种陶瓷具有控制温度的功能，像在钛酸钡中加进少量铬、锰等元素制成的陶瓷，存在着无数细小的晶粒，在晶粒的交界处有一层"晶界层"。晶界层的化学成分、原子排列等都同晶粒内部不同，它的电阻会随着温度升高而变大，当温度升高到某一值时，它的电阻会一下子增加上百万倍，甚至更高，使电路自动断电。当温度降低到某一值时，电阻又会一下子减小，使电路自动接通。利用这一特性，可将它做成一种自控加热开关元件。选择不同的陶瓷成分，可制成控制不同温度的自控发热元件。

复合材料

四大材料之一的现代复合材料所取得的成就，从其发展速度和规模、应用范围、对现代科学技术及生产进步的影响和推动，以及其自身的科学研究深度和广度等诸方面来看，都超过了人类历史上所曾使用过的任何类型的材料，以至于一个国家或地区的复合材料工业水平，已成为衡量其科技与经济实力的标志之一。

玻璃钢是目前世界上产量最大、用途最广的复合材料，已构成复合材料的主体。以至于国内外通常所谓的复合材料，如不特殊指明其类别，实际上就是指树脂基复合材料，主要是玻璃纤维增强塑料。

由于玻璃钢具有质量轻、强度高、耐蚀性好、绝缘耐温性好以及良好的施工工艺性和可设计性等特点，所以它在各个领域得到了广泛的应用。玻璃钢工业是如今最热门的工业之一，高强度玻璃纤维复合材料应用在许多方面，如防弹头盔、防弹服、直升飞机机翼、预警机雷达罩、各种高压压力容器、民用飞机直板、体育用品、各类耐高温制品以及近期报道的性能优异的轮胎帘子线等。石英玻璃纤维及高硅氧玻璃纤维属于耐高温的玻璃纤维，是比较理想的耐热防火材料，用其增强酚醛树脂可制成各种结构的耐高温、耐烧蚀的复合材料部件，如大量应用于火箭、导弹的防热材料。世界上玻璃钢产量第一大国是美国，其次是日本和德国，我国列第四位。迄今为止，我国已经实用化的高性能树脂基复合材料用的碳纤维、芳纶纤维、高强度玻璃纤维三大增强纤维中，只有高强度玻璃纤维已达到国际先进水平，且拥有自主知识产权，形成了小规模的产业，现阶段年产可达 500 吨。

碳纤维及其复合材料主要是由碳元素组成的一种特种纤维，其含碳量随种类不同而异，一般在 90% 以上。它具有一般碳素材料的特性，如耐高温、耐摩擦、耐疲劳、耐腐蚀、导电、导热、高比强度、高比模量、抗蠕变、传热和膨胀系数小等一系列优异性能。它们既可以作为结构材料承载重荷，又可作为功能材料发挥作用。目前几乎没有什么材料具有这样多方面的特性。因此，碳纤维复合材料属于先进复合材料，是典型的高新技术产品。碳纤维复合材料的基体可以是树脂、碳、金属和无机材料等。

碳纤维增强环氧树脂复合材料，其比强度、比模量等综合指标，在现有结构材料中是最高的一种。在强度、刚度、重量、疲劳特性等有严格要求的领域，在要求高温、化学稳定性高的场合，碳纤维复合材料都颇具优势。

碳纤维复合材料的最重要用途是在军事和航天方面。用碳纤维与树脂制成的复合材料所做的飞机轻巧，消耗动力少、噪声小；用碳纤维增强塑料来制造卫星和火箭等宇宙飞行器，机械强度高，质量小，可节约大量的燃料。

利用碳纤维复合材料的导电性，可制造印刷厂、纺织厂等所需的抗静电刷；可制抗静电防尘服、耐高温消静电过滤网等。

在生活中，可用碳纤维和树脂复合材料制成一些高档羽毛球拍、网球拍和钓鱼竿以及撑杆跳用的撑杆。

在化学工业中，用它可制造耐腐蚀化工设备。用碳纤维制作电子计算机的磁盘，能提高计算机的储存量和运算速度。

芳纶纤维比强度、比模量较高，因此被广泛应用于航空航天领域的高性能复合材料零部件（如火箭发动机壳体、飞机发动机舱、整流罩、方向舵等）、舰船（如航空母舰、核潜艇、游艇、救生艇等）、汽车（如轮胎帘子线、高压软管、摩擦材料、高压气瓶等）以及耐热运输带、体育运动器材上面等。

芳纶纤维材料制作的救生艇

超高分子量聚乙烯纤维的比强度最高，尤其是它的抗化学试剂侵蚀性能和抗老化性能好。它还具有优良的高频声呐透过性和耐海水腐蚀性，许多国家和地区已用它来制造舰艇的高频声呐导流罩，大大提高了舰艇的探雷、扫雷能力。除了在军事领域，在汽车制造、船舶制造、医疗器械、体育运动器材等领域超高分子量聚乙烯纤维也有广阔的应用前景和发展空间。

热固性树脂基复合材料是指以热固性树脂如不饱和聚酯树脂、环氧树脂、酚醛树脂、乙烯基酯树脂等为基体，以玻璃纤维、碳纤维、芳纶纤维、超高分子量聚乙烯纤维等为增强材料制成的复合材料。环氧树脂的特点是具有优良的化学稳定性、电绝缘性、耐腐蚀性、良好的粘接性能和较高的机械强度，广泛应用于化工、轻工、机械、电子、水利、交通、汽车、家电和宇航等各个领域。酚醛树脂具有耐热性、耐摩擦性、机械强度高、电绝缘性优异、低发烟性和耐酸性等优异特点，因而在复合材料产业的各个领域得到了广泛的应用。乙烯基酯树脂是 20 世纪 60 年代发展起来的一类新型热固性树脂，其特点是耐腐蚀性好，耐溶剂性好，机械强度高，延伸率大，与金属、塑料、混凝土等材料的黏结性能好，耐疲劳性能好，电性能佳，耐热老化，固化收缩率低，可常温固化也可加热固化。主要用于建筑、防腐、轻工、交通运输、造船等工业领域。

热塑性树脂基复合材料是 20 世纪 80 年代发展起来的，主要有长纤维增强粒料、连续纤维增强预浸带和玻璃纤维毡增强型热塑性复合材料。高性能热塑性树脂基复合材料主要应用于机械方面，如：管件（弯头、三通、法兰）、阀门、叶轮、轴承、电器及汽车零件、挤出成型管道、GMT 模压制品（如吉普车座椅支架）、汽车踏板、座椅等。

云母复合材料具有高刚性、高热变形温度、低收缩率、低挠曲性、尺寸稳定以及低密度、低价格等特点，利用云母或聚丙烯复合材料可制作汽车仪表盘、前灯保护圈、挡板罩、车门护栏、电机风扇、百叶窗等部件，利用该材料的阻尼性可制作音响零件，利用其屏蔽性可制作蓄电池箱等。

正处于研究和开发过程中的复合材料有 SIC 纤维和晶须增强的复合材料、纳米颗粒增强的复合材料。目前研究较多的是 SIC 纤维和 SIC 晶须。SIC 纤维是一种新型高比强度、高模量的先进复合材料的增强纤维，具有更好的高温稳定性和优异的抗氧化性，并具有电磁波吸收特性，它是航天、航空、兵器、能源、船舶等工业部门中有广泛应用前景的一种新材料。SIC 纤维增强复合材料是美国国防部和宇航局联合研制的航空航天材料中最感兴趣的材料之一。

力大无比的环氧树脂

随着我国科学技术的不断发展，环氧树脂这一重要的新型化工原料脱颖而出，在电子、电器、交通运输以及建筑等工业领域大显身手。2005 年我国环氧树脂的总产量高达 35 万吨，消费量竟达 65 万吨以上，这一数据已遥遥领先于日韩等亚洲国家，在全球环氧树脂领域中独占鳌头。为了进一步加强国内外环氧树脂以及固化剂的技术交流与合作，我们加快了新技术、新产品的推广与应用。"2006 年中国（广州）环氧树脂产品及固化剂应用工业展览会"邀请国外环氧树脂行业最新的生产技术以及先进产品在此次展览会上展示。此次展会促进了我国环氧树脂的发展。

环氧树脂到处可见。高速公路的收费处前，有一排排钢质的减速器，正是由于环氧树脂胶黏剂将它们牢牢地粘结在水泥地上，才使得它们任凭日晒雨淋、冰刀雪剑，加上车辆的碾压和冲撞，依然毫不动摇。

无论是水坝上的混凝土出现了裂缝，还是人的牙齿上有了蛀洞，环氧树脂胶都可以解决。经环氧树脂胶修补的水坝，任凭波涛汹涌，依旧安然无恙。而经环氧树脂胶粘补的牙齿，更是牢固。

环氧树脂还有更重要的作用。例如，用环氧树脂点焊胶代替部分铆接，可以减轻飞机整体重量的 10% 左右。用特种环氧树脂和碳纤维经高温高压制成的复合材料，其比强度（强度和密度之比）是钢的 5 倍，铝合金的 4 倍，钛合金的 3.5 倍，这种重量轻且强度高的材料，已经受到宇航工业的宠爱，它是"神舟五号"飞船壳体的主要材料。

环氧树脂还具有很好的耐酸、耐碱和耐各种介质的性能。当你拉开易拉罐喝着甘甜、清凉的饮料时，你可曾想到，正是因为易拉罐的内壁有一层环氧树脂涂层，才保护了铝质易拉罐不受酸性饮料的锈蚀！在你打开番茄酱、鱼、肉等罐头时，你会发现罐头内壁也有一层亮晶晶的环氧涂层，它是如此的光滑，致密得连一个针眼也找不到，所以番茄酱中的高酸性、鱼类中的高含硫量、杨梅等水果中的高色素都无法锈蚀马口铁罐或使涂层染上颜色，正是由于环

氧涂层的帮助，才使得这些罐头食品能够保持原有的风味。当然，环氧树脂涂料的这些优点，主要用于制造重防腐涂料，成为船舶、桥梁、大型钢结构建筑的保护神。

如果将环氧树脂加热，它便成为一种流动性很好的液体，它可以像融化的蜡烛油一样自由地流动，能够注满任何容器，也能够凝固成任何形状的固体。但是它又不同于蜡烛，因为环氧树脂从液体到固体是一种化学反应过程，不会因受热而融化，也不会再溶解于液体，即成为不溶不熔的、绝缘强度极高的热固性塑料。在这个过程中，它的体积变化非常小，对于要求铸造尺寸十分精密的电力、输变电、绝缘材料来说，这种性能是十分难得的。

环氧树脂之所以有那么大的成就，主要是基于它固有的化学结构以及成型加工的灵活性与多样性，这也是它成为合成材料中的佼佼者的原因。我们只是列举了它成为胶黏剂、涂料、复合材料、铸造塑料的某些应用实例，目前，科学家们仍在不断地挖掘它应用的新领域。

不可小视的树脂基复合材料

树脂基复合材料自 1932 年在美国诞生之后，至今已有 70 多年的历史了。它又被称为纤维增强塑料，是一种技术相当成熟、应用十分广泛的复合材料。1932 年，在美国首先研制出了树脂基复合材料，1940 年，这种复合材料被用于制成军用飞机的雷达罩。之后不久，美国莱特空军发展中心设计制造了一架以玻璃纤维增强树脂为机身和机翼的飞机。1944 年后纤维增强复合材料不断进入军用和工程应用阶段。第二次世界大战以后这种材料又迅速发展到民用。

树脂基复合材料越来越受到人们的青睐。在物理性能方面主要有热学性质、电学性质、磁学性质、光学性质、摩擦性质等。对于主要利用力学性质的非功能复合材料，必须考虑在特定的使用条件下物理性质对周围环境的响应，以及这种响应对复合材料的力学性能和综合使用性能的影响。而功能性复合材料，所注重的则是通过多种材料的复合而满足某些物理性能的要求。

我国树脂基复合材料发展较慢，开始于 1958 年。开始是以手糊工艺研制出了树脂基复合材料渔船，以层压和卷制工艺研制成功树脂基复合材料板、管和火箭筒等。1961 年研制出耐烧蚀端头。1962 年又引进不饱和聚酯树脂和蜂窝成型机及喷射成型机，开发出飞机螺旋桨和风机叶片。1962 年研制成功缠绕工艺并生产了一批氧气瓶等压力容器。1970 年又以树脂基复合材料研制出了雷达罩。20 世纪 70 年代后树脂基复合材料，逐渐转向民用。

到 2000 年年底，我国树脂基复合材料生产企业已有 3000 多家，产品品种达 3000 多种，每年总产量高达 73 万吨，居世界第二位。产品主要用于建筑、防腐、轻工、交通运输、造船等工业领域。

树脂基复合材料在建筑方面被用来做成内外墙板、透明瓦、冷却塔、空调罩、风机、玻璃钢水箱、卫生洁具、净化槽等。

树脂基复合材料在石油化工方面，主要用于管道及贮罐。其中玻璃钢管道由定长管、离心浇铸管及连续管道组成。按压力等级可分为中低压管道和高压管道。我国"八五""九五"期间分别引进管罐生产线 40 条，现场缠绕大型

贮罐最大直径为 12 米，贮罐最大容积为 1 万立方米。国内研制与生产的玻璃钢管罐生产设备部分技术指标已经达到了一个相当高的技术水平。

树脂基复合材料在交通运输方面的作用也不小。为了使交通工具更加轻盈、降低耗油量、延长使用寿命和提高安全系数，目前这种材料已经被广泛用于交通工具。汽车上主要被用来做成车身、引擎盖、保险杠等配件；火车上被用来做成车厢板、门窗、座椅等；在船艇方面还被用来做成气垫船、救生艇、侦察艇、渔船等。

树脂基复合材料在航空航天及军事领域也占有非常重要的地位，如轻型飞机、尾翼、卫星天线、火箭喷管、防弹板、防弹衣、鱼雷等都用到了这种材料，为我国的国防事业作出了不可估量的贡献。

根据每个国家的国情，树脂基复合材料的开发应用途径也有所不同。美国首先用于军工方面，第二次世界大战后逐渐转为民用为主。而西欧各国则是从发展民用开始（如波形板、防腐材料、卫生洁具等）发展到军工。纵观全球，目前已形成了从原材料、成型工艺、机械设备、产品种类及性能检验等一套较完整的工业体系，成为材料中的佼佼者。

聚合物的先驱——聚乙烯

塑料制品随处可见，由此可见我们这个社会似乎已经离不开塑料了。从化学上分类，塑料属于聚合物的一种，而聚合物的先驱当之无愧应是聚乙烯。

聚乙烯类塑料是典型的聚烯烃类化合物，它具有无毒、无臭、无味的特点，卫生性能可靠，同时又耐酸、碱、盐及多种化学物质，而且性能极其稳定。物理以及力学性能均衡，防湿防潮性能突出，可方便地加工制成板材、薄膜、容器、扁丝等各种包装用塑料制品，而且价格便宜，因此广泛应用于包装中，而作为包装材料，最主要的缺点就是阻氧性较差。

在诸多聚乙烯中，高密度聚乙烯是聚乙烯中力学强度最好的一种，对水蒸气的阻隔能力很好，但在诸多聚乙烯中，它却是柔软性与透明性最差的品种。如果需要柔软及透明性较好的制品时，则应首选低密度聚乙烯，线型低密度聚乙烯的力学强度介于高密度聚乙烯与低密度聚乙烯之间，最大的特点是抗穿刺强度高，抗撕裂强度高，耐应力开裂性能也非常突出。

以上列举的几种聚乙烯　　　都是不可多得的材料，而且技术发展越来越快。聚乙烯为所有　　　　的聚合物起到了榜样的作用。

上海塞科 90 万吨乙烯工程

吸水性树脂

　　"近视"一直是困扰人类的一大难题。越来越多的人戴上了厚重的眼镜，这既会影响人们的生活，也会影响人们的美观。不用着急，一副精美的隐形眼镜来实现你的愿望，也许有很多人对此还很陌生，那就让我们来认识一下它吧！

　　隐形眼镜是一种可以吸附在眼球上的镜片。它的材料是聚甲基丙烯酸羟乙酯，是一种吸水性树脂，因此可以很牢地吸附在眼球上。它的吸水量是自身重量的20多倍，透气性也很好，可以保持眼睛的正常供氧。它还具有良好的亲水性，与水接触后会变得十分柔软，配戴起来不会有不舒适的感觉，而且很美观。

　　还有一种更神奇的吸水性树脂，它们的吸水量大得惊人，可以吸收比自重大几百倍甚至上千倍的水。有一种晶莹的白色粉粒状的丙烯酸类高吸水性树脂，取其20克放到一张白纸上，然后将两大杯近3000毫升水缓缓倒在它的上面，令人不可思议的是，它竟奇迹般地像海绵一样将水全部吸干，滴水不剩，就连铺垫的白纸也不会潮湿。与海绵不同的是，它吸水膨胀后即便挤压，也不会将水挤出。

　　这种高吸水性树脂应用范围十分广泛，它可以用作农业、园艺领域的土壤保水剂；可以作为食品流通领域的保鲜材料；也可以在土木、建筑领域做止水剂、填充料；在电气、电子材料领域做电缆止水材料；还可以作为医用的药物缓释剂、卫生材料。总之，它发挥着不可或缺的作用。

　　发挥我们的聪明才智，制造出更多的吸水性树脂，让它来为人类造福。

奇妙的"人造金属"

我们知道金属通常都是采矿、冶金制取的，20世纪80年代初期，科学家发现在聚乙炔中加入强氧化剂或还原剂后，它的导电性能会大大提高。因为这种塑料具有金属的一般特性，因此人们将其称为"人造金属"。近几年，它的发展速度极快，人们又先后研制出了聚苯乙炔、聚苯硫醚和聚双炔类等。这种人造金属具有金属光泽，而且能导电传热，用途十分广泛。

我们都知道，金属之所以能够导电是因为电子在电场的作用下发生了迁移。那么，导电高分子材料是如何导电的呢？塑料基本上是聚合物，它具有长链，而且以固定单元不断重复，若想使它能够导电，就必须使它具有金属的性能，即电子必须能不受原子的束缚而自由移动。首先，聚合物必须具有交错的单键和双键，也称为共轭的双键，形成一个共轭π电子，互相重叠后形成整个分子共有的电子带，这些共轭π电子可作为传导电流的载流子。不过，具有共轭双键的长链还不能使它导电，若想让电流通过这个分子，就必须把一个或多个电子移走或加入，这个时候通电，π电子才能迅速地在分子的链上移动，从而形成电流。因此就必须对这种塑料进行改动，先将一些电子移出（氧化），再加入一些电子（还原），这种过程被称为掺杂。

塑料的导电不同于金属的导电。金属导电是各向同性的，而塑料导电则是各向异性的，沿高分子主链方向的电导率非常大，而垂直于主链方向正好相反。普通金属的导电性是随着温度的降低而升高，而导电塑料的导电性却恰恰相反。它的出现引起了人们很大的重视，因其既能导电，重量又轻，因此，很受人们的宠爱。

"人造金属"的导电率比铜、银还要高，在常温下呈现出超导电性能。实现超导，从低温变为常温，这是人造金属的一个奇特功能，用超导体制成的发电机，其效率可以从30%提高到98%，超导电线可使远距离无损耗输电的设想成为现实，从而缓解了能源问题。

"人造金属"不仅能够导电，而且还能发光。这是利用了电致发光的原理，光线是因为聚合物的薄层受到电场的激发而释放出来的。普通的发光二极管都是使用无机的半导体，例如磷化镓，但是现在可以使用具有半导体性质的聚合物。这种塑料装置有很多用途，例如利用 LED 膜制成的平面电视，会发光的交通信号标志以及信息板等就可能实现了。由于制造大面积的薄层塑料非常简单，所以我们可以想象在未来的家庭中将会出现会放光的壁纸，以及一些其他的新产品。

新型导电塑料还可以被制成太阳能电池，其结构与发光二极管相似，但原理却相反，它是将光能转换为电能。这种材料具有廉价的制备成本，迅速的制备工艺，还有塑料的拉伸性、弹性和柔韧性等诸多优点。目前，这项技术正在进一步完善，而且已取得了突破性的收获。此外，经过处理的聚乙炔薄膜也已经在实验室阶段制成了 3.7 伏 / 厘米和 5 毫安电流的薄膜电池——全塑电池。在不久的将来，结构型导电高分子材料有可能应用于蓄电池、太阳能电池、传感器及电缆等方面，这将对未来工业技术的发展产生巨大的影响。

这种新型导电塑料在外压与光的作用下，还能产生电场效应，将它安装在扩音器上，能将声音放大；将它放在红外摄像机上，在红外热能的作用下，能产生工作电流从而进行录像。另外，人造金属弹性很大、容易加工、重量较轻、耐磨蚀性能好、强度高、成本低，是一种不可多得的新型材料。

目前，我们正处在一个塑料电子革命的关键点，它将向人们展示出其化学、物理以及信息科技方面的无穷魅力。相信在不久的将来它能为人类创造出意想不到的奇迹。

人造石油

世界上到处都离不开石油，但并不是到处都有石油，甚至有些国家和地区完全不产石油。

以往，科学家不断地想找到一种把煤、油页岩从固体变成液体燃料的办法。现在，他们从原子秘密中终于找到了开启问题的钥匙。

石油的主要成分是烃属碳氢化合物，碳原子和氢原子"手拉手"，连成了一根根链条，有短的，也有长的。而煤的主要成分是碳。

如果有办法把煤的含氢量增加，不是就可以变成类似石油的液体了吗？是的，用这个办法可以把煤变成液体燃料，这就是所谓的煤炭液化。

现在各国和地区采用的煤炭液化方法，主要有直接液化法、间接液化法两种。

直接液化法

直接液化法是通过向煤炭中加入氢气并加高温和高压，使煤炭熔化裂解，直接变成石油。其具体工艺过程是这样的：将煤粉和煤焦油混合在一起，调成糊状，再加进特殊的催化剂，在高温高压和与空气完全隔绝的条件下通入氢气，使煤炭转化成流体和气体。

间接液化法

间接液化法不是直接将煤炭变成液体，而是先将煤炭进行气化，得到一氧化碳和氢气，然后再加热，并在催化剂的作用下，使这两种气体合成为一种液体燃料。这种方法无须另外加入氢气，操作也较为简便，因而很早就实现了工业化生产。

经过液化后的煤炭，不但便于运输和使用，而且还能除掉其中所含的硫，因而能减轻对环境的污染，可谓一举两得。近年来世界上的一些国家和地区，特别是那些主要的产煤国，都在大力研究开发煤炭液化的新技术和新方法。

多功能的化妆品

化妆品工业是综合性较强的技术密集型工业，它涉及的面特别广，不仅与物理化学、表面化学、胶体化学、有机化学、染料化学、香料化学、化学工程等有关，还和微生物学、皮肤科学、毛发科学、生理学、营养学、医药学、美容学、心理学等密切相关。这就要求多门学科知识相互配合，并综合运用，才能生产出优质、高效的化妆品。

为满足广大消费者美容和保健方面的需要，科研工作者不断开发优异的新原料，配制出来不少性能不同的新颖化妆品。

近年来，含药化妆品的兴起，引起人们很大的关注。最突出的莫过于在化妆品中掺进一些中草药原料成分，既能美容又能治疗某些皮肤病。常用的中草药约有 700 余种。之所以用它们制成化妆品，主要是因为它们大多作用温和、刺激性小、安全性高，而且不少品种的药性持久，能被皮肤所吸收。

人参被称为神秘的草药。随着现代科学的发展，精密分析仪器的普遍使用，人们对人参中的化学成分有了更多、更新的认识，知道了它的药理作用。人参中有一种"人参苷"的物质，可以得到"皂角甙"，它含有人参烯、人参酸。此外，人参中还含有"人参二醇""人参三醇"及许多微量的矿物质、B 族维生素等。人们发现，人参的浸出液能够被皮肤慢慢地吸收，可用它来制造各种化妆品，如人参泡沫浴、雪花膏、润肤霜、洗发香波、发用冲洗剂、剃须润肤剂、妇女卫生洗液、婴儿扑粉等。

人参泡沫浴是一种刺激剂，可以增进人体血液循环，使毛细血管和小动脉扩张，从而增加了皮肤的营养。它还能使神经系统产生平静和轻松的感觉，长期使用，对扭伤、风湿、血液循环病等都有一定的疗效。人参雪花膏、润肤霜，能促使皮肤平滑、柔软，减弱阳光对皮肤的伤害。人参香波等可以使头发增加强度，产生很好的梳理性。人参剃须润肤液能使皮肤柔软、平滑。

人参为什么能对皮肤产生药理作用呢？原来，人参能抗胆固醇，防治动脉硬化；人参还能产生充血作用，可以增强皮肤中毛细血管的血液循环，提高皮肤的营养供应，使它保持固有的弹性；人参中的微量矿物质被皮肤吸收后，能防止皮肤脱水变干燥，保持皮肤光洁、滋润。

不同中草药制成的化妆品，在保护皮肤方面起着不同的作用。例如，珍珠粉、鹿茸粉用于化妆品中，通过皮肤吸收后，能增加皮肤活力，减缓皮肤衰老，保持皮肤细腻。三七、丹参用于化妆品中，能抑制脂溢性皮炎，供给皮肤营养，减缓衰老。升麻、槐花、桔梗等的提取物掺进化妆品中，能保持皮肤润泽、细腻，还能治疗皮炎。薏苡仁、黄瓜、西瓜和白兰瓜的果实或种子的提取物，制成乳液对面部粉刺、炎症和皮肤粗糙有疗效。当归、续随子、菟丝子、麻黄等的提取物制成的化妆品，对面部色斑有一定疗效。

维生素是人体不可或缺的营养物质，可以用在皮肤上。实践表明，皮肤外用维生素，可以减缓皮肤衰老，治疗皮肤干燥、长鳞屑、生皱纹等维生素缺乏症。

蜂王霜含有多种维生素、泛酸、叶酸、肌醇、激素、酶、蛋白质和微量元素，对细胞有再生作用，能促进细胞活力，保持皮肤的脂肪和水分，使皮肤显得柔软健美，减缓皱纹的出现。

把较小分子量的蛋白质加进化妆品内，可制成营养化妆品。这类化妆品对于人的皮肤和头发都很温和，能产生良好的润湿效果，而且能补充真皮层中的氨基酸，从而对皮肤和头发中的水分起到一种特殊的自然调节作用。

人体毛发的生长、分布及新陈代谢，正常情况下是有一定规律的，毛发过多或过少，都会影响人的容貌。尤其是妇女的脸部、腋下、四肢多毛，会造成容貌上的缺陷。有一种脱毛霜，是由脱毛剂、缓冲剂、增厚剂和高级脂肪醇调配而成的，具有芬芳香味。只要在多毛部位涂上这种药物后，15分钟左右就可将多余的毛发全部脱去，使皮肤恢复洁白光亮。它使用方便，效果显著，无刺激作用，不损伤皮肤。

作用奇特的氟碳材料

关于氟碳材料，人们肯定会想到"塑料之王"——聚四氟乙烯，也叫"特富龙"（英文名称的音译）。近些年来，氟利昂将在全世界逐渐被禁止使用（发现氟利昂会破坏高空的臭氧层），最近大家又从不粘锅是否有毒的争议中了解到有一种叫氟碳表面活性剂的材料。

像许多新材料一样，氟碳材料自问世以来就为人类作出了巨

含"特富龙"材料的不粘锅备受争议

大的贡献。原子能工业要用氟碳材料，汽车工业要使用氟碳材料，有了氟碳材料，纺织工业才有可能生产出既防水、防油又防污的新型服装材料等等。正是由于氟碳材料中氟原子的存在，才使其具有非常特殊的物理性能和化学性能，这些性能是其他材料所不具备的。所以氟碳材料目前在很多工业领域和生活领域中已经无可代替，而且其应用范围还在不断发展、扩大和深入。

氟碳材料为何能具备如此特殊的性能呢？或许我们可以从下面的一些例子中寻找答案。

只要将织物浸渍在含有氟碳材料的水乳液中，再经过烘干后，就可以起到防水、防油和防污的作用了。其实要具备防水、防油又防污的性能，其他材料也可以做到，不过这些可代替的材料都有一个共同的弱点，那就是不透气。正是由于不透气性的存在使得这些材料不可能用于人们穿着的服装上，人们穿上这种不透气的服装将非常闷热不舒适。而氟碳材料的水乳液不仅使织物具有防水、防油及防污的性能，而且也不影响原来织物的透气性和手感，也就是不影响原来织物穿着的舒适性。不管是天然纤维织物（如棉、毛、丝等），还是人

造纤维织物（如尼龙、腈纶等），只要经过氟碳乳液的处理，就都有很好的防水、防油及防污性能，同时也能满足人们对于穿着舒适的要求。

当然，像皮革及其制品也可以经过这些类似的工艺处理而显示相似的优异性能。织物这种防水、防油性能的直观表现就是水滴或油滴可以像珠子一样在其表面滚动。液体的滴状物能在固体表面形成球状，而且可以自由滚动，其具备的条件必须是液体和固体之间的表面张力（表面能）相差很大，也就是说固体的表面张力必须远远低于液体的表面张力。我们知道，当水银洒在地上时，永远呈现着大大小小滚动状态的球珠，而水洒在地上却不可能形成球珠，相反会很快润湿地面，这是因为水银的表面张力远高于水的表面张力、水银与地面之间的表面张力相差很大的原因。经过氟碳材料水乳液处理后，织物表面的表面能大大降低，与通常的水和油表面张力的差距大大增加，从而导致防水、防油性能的出现。

若将氟碳表面活性剂添加到液体（水或油）中，那么它所降低的就是这些液体的表面张力。虽然降低的只是表面张力，可这一降低却能够颠覆多少年来人们习以为常的现象。例如，雨后马路上的水面由于汽车漏油而形成漂浮在水面的油膜，如果添加过氟碳表面活性剂的水溶液的表面张力降低到一定程度，这种油漂在水面的现象就会逆转，也就是变成水膜漂浮在油面上。这种不同寻常现象的出现奠定了近年最新开发而成的灭火剂的基础。这种水成膜泡沫灭火剂就是依靠灭火液在油面形成水膜而具有快速、彻底的灭火功能，因此目前这种灭火剂已在国内外被广泛使用。

若表面张力很低的水溶液被注入开采石油的油井中，即可渗入岩层或沙层的表面，将油排挤出来提高采油量。

氟碳表面活性剂这种降低液体表面张力的特性应用到涂料中，即可使涂料有很好的流平性，也就是说涂料表面显得更为平整，就能大大增加涂料的牢度。由于氟碳表面活性剂的分子能移植到涂料的表面，使其具有优良的耐气候性能，从而能抵抗风吹雨打，延长涂料的使用寿命。很多沿海地区建造的大桥，都使用了氟碳材料，使涂刷在大桥上的涂料（油漆）能防止强腐蚀性潮湿海风的腐蚀。

有一种氟碳材料一直以来保护着人们的身体健康。在电镀工业中，电镀过程会产生一种致癌的铬酸雾，严重污染环境，危害人体健康。为解决这一问题，有人曾经在电解槽中放入洗衣粉，以产生一层泡沫覆盖在电解槽表面，不让铬酸雾溢出来。可是由于电镀过程是一种强氧化的化学过程，电解槽中还有极强的酸液存在，洗衣粉快速就被氧化分解，致使表面的泡沫层很快消失，酸雾又继续溢出来。自从出现了既不怕酸、又不怕氧化作用的氟碳材料，问题就得到了解决。只要将少许氟碳材料加入电解槽中，就可在槽面长时间地保持一层密实的泡沫层，以阻止有毒酸雾溢出来。

含氟药物有很好的治病功效，氟碳高分子材料在各种工业领域和生活领域都得到了广泛的应用。

氟碳涂料是目前世界上最高档的装饰涂料，被誉为"涂料之王"。它采用（FEVE）氟树脂为基料，氟碳树脂分子内含有有机物中键能最高的 C-F 键，键能高达 485.7 千焦／摩尔具有许多优异于普通涂料的特殊性能，主要表现在耐候性、耐盐雾性、耐洗刷性、耐溶剂性、不黏附性、低摩擦性等方面。以上性能指标均数倍或 10 倍于普通涂料。其应用十分广泛，如：建筑、石化、船舶、航空、桥梁等各个领域。

凡此种种，都源自氟原子的电负性以及其原子结构。科技工作者正是从氟原子这一与众不同的特点出发，经过不断的研究，才有今天氟碳材料在各方面的广泛应用。科技界对氟碳材料的研究从未间断过，一方面是深入、扩大其应用，揭示其尚未了解的奥秘，另一方面又不断去克服可能的不利因素，使氟碳材料不断为人类作出更大、更多的贡献。

生活的朋友——"氟"

在所有的元素中，氟是化学性质最活泼、氧化性最强的物质。氟气是一种淡黄色的气体，有刺激性臭味，在常温下，它几乎能和所有的元素化合：大多数金属都会被它腐蚀，甚至连黄金在受热后，也会在氟气中燃烧。如果把氟通入水中，它会把水中的氢夺走，放出氧气。

1886年，人们发现了氟，在这以前，人们把它看成是一种"死亡元素"，是碰不得的。这是为什么呢？在1768年人们就发现了氢氟酸，认为它里面有一种新元素，很多化学家都在实验室里进行实验，目的是从氢氟酸中制出单质氟来。或许你知道，氢氟酸是氟化氢气体的水溶液，它具有很强的腐蚀性，玻璃、铜、铁等常见的物质都会被它"吃"掉，即使很不活泼的银质容器，也不能盛放它。同时氢氟酸能挥发出大量的有剧毒的氟化氢气体，人吸入少量后，就非常痛苦。化学家们尽管在实验时采取了许多措施来防止氟化氢的毒害，但由于氢氟酸的腐蚀性过强，许多化学家在实验时还是吸入了过量的氟化氢气体而死去了，还有许多化学家由于中毒损害了身体健康，被迫放弃了实验。由于受当时科学水平的限制，最终，大部分化学家都停止了实验，以至于人们谈氟色变，都把它称为"死亡元素"。氟真的是"死亡元素"吗？

英国化学家莫瓦桑于1886年在总结前人的经验教训并采用先进科学技术的基础上终于制出了氟气，活泼的氟终于被人类征服了。从此以后，氟给我们的生活带来了许多便利。

玻璃是生活中常见的东西，我们喝水用的杯子多数是玻璃做的，窗户上用来挡风的玻璃，课堂上老师用来做实验的好多器皿也是玻璃制品。可你们注意到没有，玻璃杯上的许多花纹，老师用来做实验的玻璃仪器上的刻度，都是怎么"刻"出来的呢？或许有人会说，这有什么难的，只要找一个比玻璃更坚硬的东西，就能在它上面刻出花纹来。我们知道，金属的硬度一般都比玻璃高，可以找一把刀，尝试着看能不能用它在玻璃上刻出花纹来？只要这样试过的人都清楚，这样在玻璃上是刻不出花纹来的。后来，聪明的人们

想到了氢氟酸能强烈地腐蚀玻璃，根据这一特性，人们先在玻璃上涂一层石蜡，再用刀子划破蜡层刻出花纹，最后再涂上氢氟酸。过一会儿，洗去残余的氢氟酸，刮掉蜡层，玻璃上就呈现出美丽的花纹了。平时我们见到的玻璃杯上的刻花，玻璃仪器上的刻度，都是用氢氟酸"刻"出来的。

　　氟还与人们的健康息息相关。美国科罗拉多州一个地区的居民于1916年得了一种怪病，无论男女老幼，牙齿上都有许多斑点，当时人们把这种病叫作"斑状釉齿病"，现在，人们都把它称作"龋齿"。为什么这儿的居民都会患上这种病呢？原来，这里的水源中缺氟，而氟是人体必需的微量元素，它能使人体形成强硬的骨骼并预防龋齿。当地的居民由于长期饮用这种缺氟的水，因而对龋齿的抵抗力下降，全都患了病。为何人体缺氟会患上龋齿呢？这是因为氟是人体内重要的微量元素之一，氟化物是以氟离子的形式广泛存在于自然界。骨骼和牙齿中含有人体内氟的大部分，氟化物与人体生命活动及牙齿、骨骼组织代谢密切相关。氟是牙齿及骨骼不可缺少的成分，少量氟可以促进牙齿珐琅质对细菌酸性腐蚀的抵抗力，防止龋齿，因此水处理厂一般都会在自来水、饮用水中添加少量的氟。据统计，氟摄取量高的地区，老年人罹患骨质疏松症的概率以及龋齿的发生率都会降低。另外，人们还研制出了各种含氟牙膏，它们中的氟化物会加固牙齿，不受腐蚀。而且，有些氟化物还能阻止口腔中酸的形成，这在根本上解决了问题，因而效果十分显著。

　　你现在还认为氟是一种"死亡元素"吗？知道了它的这么多用途，就应该为它"平反"了吧！我们坚信，经过科学家们的不断努力，氟将会越来越多地参与到人们的生活中，为人类作出更大、更多的贡献！

让人欢喜让人忧——氟利昂

随着环境科学的发展，人们逐渐认识到并越来越关注散逸到大气平流层中的氟利昂对臭氧层的破坏作用。

作为地球生命保护伞的臭氧层，它大约吸收掉 5% 的太阳辐射带来的高能紫外线，能使地球上的生物免遭强紫外线的杀伤。科学家指出，地球大气中臭氧每减少 1%，就会增加 5% 的皮肤癌和 2% 的黑色素瘤疾患，并使农作物减产。如果没有臭氧层的保护，所有强紫外辐射全部落到地面的话，地球上的林木将会被烤焦，飞禽走兽都将被杀死，后果将不堪设想。

近些年，在南极和北极上空都曾出现过巨大的季节性的臭氧"空洞"，空洞的面积有时相当于美国国土的两倍。经科学观测表明，1969~1986 年，北纬 30°~60° 地区上空臭氧浓度下降了 1.7%~3%。主要包括美国、欧洲、加拿大、日本、我国和原苏联的人口稠密地区。然而，臭氧层的破坏仍在继续。

近代工业促使人们广泛推广使用性质稳定、不易燃烧、易储存、价格低廉的氟利昂，分别用于制冷剂、喷雾剂、发泡剂、清洗剂。氟利昂在大气中可以存在 60~130 年，虽然氟利昂释放量相对较少，但一个氯原子可破坏 10 万余个臭氧分子，使臭氧层遭受到严重的破坏。

随着经济的发展和人们生活水平的提高，空调的需求量越来越大。在它给人们带来舒适和凉爽的同时，引起的问题也越来越严重。氟利昂（R12）的蒸发潜热大，碰到皮肤、眼睛会吸收人体大量热量而蒸发，因此操作时要严加注意，应戴上防护眼镜，以保护眼睛。一旦发生液态氟利昂进入眼睛，千万不可用手搓，要马上用大量的干净冷水冲洗（目的在于冲淡氟利昂浓度），并立即到医院治疗。

氟利昂无色无味，排放到空气中会使空气中的氧气浓度下降，能使人窒息；氟利昂气体比空气重，一般都沉降在空气的底部，因此在保养空调时不要站在地沟、凹坑等地方排放制冷剂。排放制冷剂的工作要在通风良好的地方进行；氟利昂不燃烧、不爆炸，但其气体碰到明火会产生有毒的光气，因此不要在制冷系统的现场附近进行焊接操作或吸烟。也不要在密闭的房内或靠近火焰的地方处理制冷剂；氟利昂对水的溶解度很小，在制冷回落中若存有水分极有可能在膨胀阀节流孔处析出冻结成冰，堵塞空调管路。所以要注意不能让水汽进入制冷系统，不要在下雨露天作业或周围有水时打开制冷系统，制冷系统打开后一定要及时加盖密封；氟利昂遇到空气中的水分会使金属表面失去光泽。因此排放制冷剂时，要用旧布遮住有关车身外表面；氟利昂与润滑油是完全溶解的，因此润滑油随氟利昂在系统中循环，布满在系统的全部内表面。在排放制冷剂时，必须慢慢排放，以防带走润滑油；氟利昂随温度上升，压力增加很快，因此制冷剂要存放在 40℃ 以下环境中，避免高温存放；氟利昂对普通橡胶有腐蚀作用，因此，不能用普通橡胶制品来替代空调系统的橡胶密封件。

为拯救臭氧层，应大量减少并最终停止生产和使用氟利昂类物质。对此发达国家负有不可推卸的责任。联合国制订了《保护臭氧层维也纳公约》和《关于消耗臭氧层物质的蒙特利尔议定书》，对破坏臭氧层的物质提出了禁止使用的时限和要求。作为全球较大的氟利昂生产和消费大国，我国也制订了《中国逐步淘汰消耗臭氧层物质国家方案》。我国相关法律规定早在 2010 年就提出完全淘汰消耗臭氧层的物质，来保护我们的地球家园。

第四篇 金属和其他常规材料

迎接钛时代的来临

如果说钢是 19 世纪中期轰动一时的金属，铝是 20 世纪初轰动世界的金属，镁是 20 世纪中叶震惊世界的金属，那么钛就是 21 世纪的宠儿。如我们按人类对各种金属价值认识的早晚来划分的话，应该说对钛的认识和应用是比较晚的。

德国化学家马丁·克拉普罗士在 1795 年，在分析一种叫作金红石的矿石时，发现了一种新元素，并把这种元素命名为"钛"。这是由希腊神话中吉亚女神之子"太坦"引申而来的。"太坦"的意思是"巨人"，但那时人们还得不到纯净的钛，因而也就没有认识这位"巨人"的价值。

直到 1925 年，荷兰化学家万·阿凯在对四氯化钛加热和分解过程中才获得了高纯度的钛金属，直到这时，科学家们才逐渐认识到钛的许多令人吃惊的特性。

第一个特征就是比重小、强度高，它的重量比同样体积的钢铁要轻一倍，却像超级强度的钢那样经得起锤击和拉伸；还有就是耐高温，在高温的冶炼炉中，铁被熔化成了铁水，而钛却毫无反应；此外，还能耐低温，在超低温的环境里，钢铁会变脆，而钛却比平时更坚硬，还能把自身电阻降到几乎为零，成为节能高手；而且它还耐腐蚀，在酸、碱等腐蚀液中，各种金属都被腐蚀得"面目全非"，钛却能"面不改色"。

金属钛具有的这些特点，使它成为当今发展尖端技术必不可少的结构材料，在航空、航天、

NOKIA 公司生产的钛金属外壳手机

航海以及化工、医疗卫生等领域中都有广泛应用。

就飞机来说，蓝天上飞行的飞机机体大部分都是用铝合金制造的。如果飞机在天空进行超音速飞行时，飞机表面就会受到空气强烈的摩擦和压缩，一部分动能将转变为热能，机体温度也会随之升高。这时，飞机的飞行速度与温度就成正比，飞行越快，机体温度就会越高。若飞机速度达到两倍音速时，铝合金的强度便会显著降低；当速度再升高时，铝合金机体就会在空中碎裂，发生十分可怕的空难事故。而钛合金在温度达到 $550℃$ 时，强度仍没有明显的变化，它能胜任飞机以 3~4 倍音速下的飞行。也因此钛合金引起航空航天界的特别注意。钛还具有极高的抗腐蚀能力，有人曾经把一块钛合金片扔到海里，5 年之后捞出来一看，钛合金片照样闪闪发光。

除了飞机之外，钛在宇宙空间还大显神通。现在，钛及钛合金主要用来制造火箭、导弹发动机的外壳，燃料和氧化剂的储箱以及宇宙飞船的船舱、骨架等等，可使导弹、火箭、宇宙飞船的体重减轻数百千克。这不但能很好地改善它们的飞行性能，而且可以节省大量昂贵的高级燃料，降低制造和发射费用。所以，人们又把钛称作"空间金属"。

钛不仅能帮助人类飞天，还能帮助人们潜入水。有报道说，用钛制成的核动力潜艇，每艘用钛量要达上千吨。这种潜艇不仅重量轻、航速高和攻击力强，而且无磁性，在海底不易被发现，因而要攻击它也就很难了。

由于钛耐腐蚀性能好，在化学工业上，现已代替不锈钢制造多种化工机械，如蒸馏塔、热交换器、压力容器、泵及各种管道等。因为不管哪一种酸碱都对它无可奈何，所以钛材料做管道可用来输送腐蚀性的液体，比不锈钢管道寿命长很多倍。

此外，钛还可以应用在医疗上，由于钛与人体各种组织的相容性很好，故可用来代替人体内被损坏的骨骼。如人的大腿骨因外伤不能治愈时，可用钛片、钛螺丝钉修补，几个月后，骨头就重新生长在钛片的小孔和螺丝钉的螺纹里，新的肌肉就包在钛片上。这样，骨头就和真的一个样子。据推测，用这种材料制成的人工关节可连续使用 140 年。

钛在其他领域，也有奇妙的应用。例如，日本最近发明了一款不用牙膏的牙刷，关键就在于连接刷杆及刷头的是钛金属棒，它能把光线转化为负离子能量，当牙刷与牙齿触碰时，负离子吸引正离子后，牙垢和污渍在分子水平上就被瓦解，这样就达到了洁齿的目的。而且经临床实验证明，其洁齿效果比一般牙刷及电动牙刷还要好得多呢！

钛是如此得"神通广大"，可在 20 世纪为什么没有得到大规模的应用呢？这是因为，钛平时总是和氧紧紧地抱在一起，很难分开，到目前为止，工业上还没有一种便捷方法能够直接把钛和氧分开而得到纯净的金属钛，人们只好利用氯、钠等从中周旋，炼出金属钛。

由于钛的高强度、耐高温和耐蚀性，加上它质轻的优点，在未来的工业技术中，无疑将越来越占据重要的地位。而且到那时我们制取钛和它的合金的方法将更为完善。说不定用钛合金制成的汽车不久之后将出现在马路上。而且这种用钛合金制成的车身与铸钢制成的车身相比，将减轻一半的重量。

如今，世界各国和地区的冶金、材料科学家都在孜孜不倦地从事钛冶炼和应用的研究。专家们认为，21 世纪将是钛的世纪，用不了多久，我们将迎来新的钛时代。

"哑巴金属" ——减振合金

声音与我们生活的关系是非常密切的。可以毫不夸张地说，我们的生活一时也离不开声音，否则人类就会进入因寂静而无法生存的世界，但同时也带来了严重的噪声污染。科学家一直都在寻找一种不产生振动噪声的金属材料来达到减振、消声的目的。但传统的金属材料强度高、振动衰减性差，非常容易产生振动和噪声。为了兼顾高强度和振动衰减性好这两方面的要求，材料科学家们终于研制了减振合金。减振合金又称阻尼合金、无声合金、消声合金、安静合金等。据说，当初有一块含锰量为80%的合金掉在地上，没有发出很大的声音，因而引起了人们的兴趣。结果，英国成功研制出含锰、铜、铁和镍等成分的合金；美国成功研制出含40%锰、58%铜、2%铝的合金；上海交通大学也成功研制出性能优良的锰铜合金。

高速公路两边用减震金属制造的防噪声隔板

　　减振合金之所以具有优异的减振性，是由材料的内部微观结构造成的，它能够依靠材料内部易于移动的微结构界面，以及在运动过程中将产生的内摩擦（内耗）较快地转化为热能消耗掉，使振动迅速衰减，从而能有效地降低噪声的产生。如锰铜合金的减振性能是低碳钢的10倍，它是名副其实的"哑巴金属"。用锤子敲打它，如同敲打橡胶那样沉闷，即使使劲把它摔在水泥地上，也只发出轻微的"噗噗"声。用锰铜合金制造潜水艇的螺旋桨，无论转速有多快，都不会发出声响，从而不易暴露目标，增加了潜水艇活动的隐蔽性。将锰铜合金镶嵌在燃气轮机或凿岩机钻杆的轴承套上，机器开动时，它"不动声色"，可降低噪声几十分贝，为改善劳动条件"默默无闻"地作出了贡献。

　　还有一种简易的减振钢板。它是在两块钢板间夹有或涂有一层薄薄的树脂而组成的复合钢板。树脂能吸收振动能并将其转化为热能，同时多层界面本身也具有减振吸能的作用。我们把其称之为"三明治"式减振钢板。这种减振钢板把树脂优异的减振性能和钢板的高强度巧妙地结合在一起，取长补短，相得益彰。为了减少汽车振动和降低噪声，这种减振钢板在汽车工业中获得了广泛的应用。它的厚度为0.2~1.2毫米，中间的树脂层厚度为0.04毫米。用这种减振钢板制成的零件和用普通钢板制成的零件相比，振动噪声一般可降低3~5分贝。1989年，日本在某些高级轿车上采用这种减振钢板，使噪声降低10~15分贝。

　　减振合金最先出现在英国和美国，到现在只有几十年的发展历史。最初，它用在导弹、飞行器和潜艇等先进武器上，以达到减振和消音的目的。后来它的使用范围迅速拓展，已成为机械制造业中传动耐磨件、结构材料、家电、电力、汽车等行业有效的减振和降低噪声的新型材料。减振合金的发展和应用为降低噪声、创造安静舒适的工作和生活环境作出了巨大的贡献。而且用它制成的防音车轮，悄悄来，悄悄去，整日默默无闻地为降低城市噪声，维护宁静的生活环境立下汗马功劳。

会"呼吸"的合金

人和动物会呼吸,这是众所周知的。鲜为人知的是,某些金属材料也会"呼吸",而且"呼吸量"很大。

在 1974 年年底,日本松下电器产业公司中央研究所里发生了一件怪事,在实验室内,一个用来做实验的高压氢气瓶里的氢气,还没有使用就什么也没有了。这个前一天晚上还有 10 个帕的氢气瓶,第二天早上就只剩下不到 1 个帕了。经过仔细检查气瓶,并没有发现瓶子有任何漏气现象,再检查压力指示仪表,也没有问题。然后又问了那里的每个研究人员,证实谁也没有在晚上用过气瓶中的氢气。那瓶子里的氢气跑到哪儿去了呢?

科学家根据"物质不灭"定律推测,氢气只能是被这个氢气瓶给"吃"了,也就是吸到气瓶的壁里面去了。后经研究发现,这个氢气瓶原来是用一种钛锰合金制成的,而生产氢气瓶的厂家却并不知道钛锰合金是一种吸收氢气能力很强的材料。研究人员还发现,这种吸过氢气的钛锰合金如果再加热到一定温度时,又能把氢气释放出来。所以人们把这种能"吸进"和"呼出"氢气的合金叫作吸氢合金(或者叫储氢合金)。

为什么这些金属能"呼吸"呢?原来,在一定温度和压强下,氢气会与金属反应生成金属氢化物而"吸进"氢。由于氢是以原子形式储存在合金中,氢原子密度比同样条件下的氢气的密度大 1000 倍,相当于储存 1000 个大气压的高压氢气。如果要使用,只要稍微改变一下压强和温度,使反应逆向进行,金属就会把氢气又"呼出"来。

大家知道氢气是一种最理想的能源。它的来源广泛,而且燃烧后的产物只有水,不会污染空气,还可重新加以利用。但我们若想用氢作为燃料,将面临着储藏和运输的两大难题,需要使用笨重的高压储气瓶,或者在 -253℃的超低温下使氢气变成液体,然而这两个条件都是很难满足的,因为用气瓶运输氢气常有爆炸的危险,而要把氢气在低温下压缩成液体,本身就需要消耗大量能源,并且还需要极好的绝热材料来维持低温,所用绝热材料的体积要比储氢设备的体积还要大。就像有的火箭上使用的储存液氢和液氧的储箱，就占去了火箭一半以上的空间。

然而储氢合金就大不相同了，由于它是固体，所以运输时不需要大而笨重的钢瓶，保存时也不需要极低的温度条件。当需要储存氢的时候，只需让合金和氢反应，氢就被"吸"进去；若用氢时，只需加热合金或减小合金内的压力，氢气又被"呼"出来，就如同蓄电池的充、放电，十分简单、方便。因此储氢合金是一种最理想的储氢方法。

而储氢合金是由多种金属元素组成的。但并不是只要能与氢反应的金属都可用作贮氢材料，它还需要满足一系列条件，如贮氢量大、吸氢和放氢速度快、安全可靠等。

如今世界上已研究成功的储氢合金大致可以分为四类：第一类是稀土系的镧、镍等，每千克镧镍合金可储氢153升；第二类为铁钛系，也是目前使用最多的储氢材料，它吸氢量相当大，是镧镍合金的4倍，而且价格便宜、活性大，可在常温常压下释放氢，给使用带来很大的方便，是很有前景的一类储氢合金；第三类是镁系，镁是吸氢量最大的金属元素，不过它需要温度达到287℃才能"呼出"氢，且吸氢十分缓慢，因而在使用上受到很大的限制；第四类就是钯、钒、铌、锆等多元素系，这些金属本身就是稀贵金属，因此只适合于某些特殊场合使用。

储氢合金具有广泛的用途，它可以用于汽车工业。像德国的宝马公司研制成功的燃氢汽车，采用200千克的铁钛合金储氢，可行驶130千米。我国也在1980年研制出了一辆燃氢汽车，储氢燃料箱重90千克，乘坐12人，以每小时50千米的速度行驶了大约40千米。今后，不但汽车会采用氢气做燃料，而且还会被飞机、舰艇、宇宙飞船等运载工具使用。

储氢合金还可以用于提纯氢气，利用它还可以获得纯度高于99.9999%的超纯氢，而且成本相对很低。超纯氢在电子工业的半导体、电真空材料、硅晶片、光导纤维等生产领域有着重要用途，这些产品在生产时通常需要用氢气作为保护气体，若纯度不高，生产出的产品质量将大打折扣，所以这些行业对于超纯氢有很大的需求量。

此外，储氢合金还能将储氢过程中的化学能转换成机械能或者热能。我们可以利用储氢合金在吸氢时放热，在放氢时吸热这种放热-吸热的循环，来进行热的储存和传输，还可制造出制冷或者采暖的设备。

另外，储氢合金还可以用在电池中。我们现在使用的是镍镉电池，其中

的镉是一种有毒的金属，而且很难回收处理，所以镍镉电池对环境污染很大。而采用储氢合金制造的镍氢电池（Ni-MH），容量大、安全无毒，并且使用寿命也比镍镉电池长很多，这是储氢合金的又一个未来发展方向。

　　储氢合金的使用前景是十分诱人的，如今在一些领域已有了一定的应用，但如果要大规模地使用，还暂时不具备那样的条件。国际能源机构确定的新型吸氢材料的基本标准为储氢量大于重量百分比 5%，并且能在温和条件下吸放氢。根据这一标准，目前的储氢合金大多尚不能满足。不过，如果储氢合金的研究能够取得突破性的发展，必将给人类的生产、生活带来深刻的影响。

金属储氢

目前，用氢气作为汽车和各种机车燃料的研究正在不断发展。但是，这除了要发明低成本的制氢方法以外，还要解决氢的储运问题，因此人们又研制出了会"呼吸"氢的合金材料。

金属钯要算"贮气能手"了。钯是贮藏气体的"仓库"，特别擅长吸收贮存氢气。它是一种银白色的金属，是铂族元素中延展性最大、最柔软的金属。但钯金属很重，每立方米的钯重达 12 吨。在 1555℃时，钯才熔化成液态；而加热到 4000℃时才开始沸腾。

当钯吸收了大量氢气以后，还能保持金属状态，只是体积增大，明显地发生形变，质地变脆，表面布满裂纹，有时甚至破裂成碎片。钯能够吸收相当于自身体积 2000 多倍的氢气，而且在需要时又能全部"呼"出所有的氢气，由于钯具有呼吸氢的特性，因此在工业上得到了广泛应用，而且吸收了氢的钯，还可以用作还原剂，使二氧化硫变成硫化氢。在电气工业上，利用钯呼吸氢的特性，可用作除气剂，用来除去真空管中残留的微量气体。

人们在用 X 射线"揭露"钯吸收氢气的奥秘时发现，钯在吸收氢气后，晶格会发生膨胀。如果氢气的溶解量不断增加，原来的晶格此时就会转变成了另一种晶格。这时在钯中，被吸收的氢气很少以原子状态存在，而都是以离子状态存在。含氢的钯实际上已成为一种合金了。钯粉在吸进了大量氢气后，如果裸露在空气中就会自燃。不但金属钯能有吸收氢气的特性，而且钯的合金也有这种本领。已贮藏有氢气的钯，只需把它加热到 40℃~50℃，吸收的气体就可大部分放出。再加热到较高温度时，氢气将会全部被释放出来，既方便效率又高。

金属钯还是催化加氢的能手。在化肥工业里，只需在常温条件下，用金属钯做催化剂，便可以由氢气、氧气和水很快生产出亚硝酸铵化肥。在钯的催化下加氢，可以使液态的油脂变成固态，使不饱和的烯、炔变为饱和的烷，不饱和的醇、酮、醛、酸变为饱和的有机化合物。钯也可用来做富集氢气的筛网和催化加氢的贮氢材料等，而且成本都不高，又很方便。

要把东西贮存起来需要有一个空间，比如一个房间、一个桶、一个洞等等。金属怎么贮存东西呢？难道它也有孔洞吗？不是，它是通过发生化学反应把氢贮存起来的。我们知道，氢是一种很活泼的元素，许多金属或合金的表面对氢有催化作用，能促使氢分子变为氢原子，一个金属原子能与两个、三个或更多的氢原子结合，生成稳定的金属氢化物，这就把氢贮存起来了。

要用氢气的时候，只要稍稍加热，金属氢化物就会分解，释放出高纯度的氢气。用金属贮氢优点很明显，与贮存相同容量氢气的钢瓶相比，贮氢金属的重量只有钢瓶的1/3，体积还不到钢瓶的1/10呢，而且搬运十分方便。

如今，钯的应用范围也越来越广泛。在工业、化学、电气等方面都有应用，以后，它将发挥越来越重要的作用。

金属中的"硬汉"——钨

钨是一种灰白色的金属，它是金属中的"硬汉"，也是最难熔化的金属，它的熔点高达 3410℃，比自然界里现有的其他金属元素的熔点都要高。而且它的同类元素钼、铌、锆、钒、铼等等，也都是个个身手不凡，其中最容易熔化的钛的熔点还在 1660℃，比所谓的"真金不怕火炼"的黄金的熔点还要高600℃。

钨还是金属材料中的"硬度之王"，因为它具有很高的硬度和很强的抗腐蚀能力，这也是稀有高熔点金属的第二个特点。钨跟碳、氮、硼、硅等元素相结合，能够生成非常坚硬、非常难熔的化合物，真可谓是金属中的"硬汉"。

英国人罗伯特·马谢特在 1864 年第一次把 5% 的钨添加到钢中。结果发现这种钢在加热到发红时，不但能保持原有硬度，而且还增加硬度，人们就称之为"马谢特自硬钢"。而且用这种钢制成的刀具使金属的切削速度增加了50%，每分钟可切削 7.5 米，要比原来多 2.5 米。

后来，人们又想能否使切削速度再增加呢？结果发现在钢中再加钨也无济于事了。那么，这是否就意味着切削速度真的达到了极限，不可能再提高了呢？并非如此。1907 年，一种以钨、铬和钴为基础的合金——"斯特利"硬质合金研制成功了。这种合金标志着现代硬质合金发展的开端，保证了更高速切削的实现。面对高速切削所产生的高温挑战，我们的"耐高温强者"钨却面无难色，大显身手。今天，这种合金已达到每分钟 2000 米这样惊人的切削速度了。

现代的超硬质合金大都是由碳化钨和一些其他元素的碳化物用烧结方法生产出来的，合金中还含有钴的胶合颗粒。这种烧结成的材料称作金属陶瓷或陶瓷合金，它的硬度即使在 1000℃的高温下也不会降低，因此可以进行高速切削加工。碳化钨制品的硬度非常高，若你想用锉刀来锉断它，那么你就会发现碳化钨制品是不会断的，断的将是锉刀了。

除"硬度之王"外，钨还有"光明使者"的称号，它被用作照明光源的灯丝，像普通的灯泡、台灯、壁灯、舞台灯、路灯、车灯等等。要知道我们能置身

于五光十色的彩灯中，都是钨丝起了举足轻重的作用。

此外，钨还有"最佳搭档"之称呢。当它和其他的"伙伴"结合在一起时，就能发挥更神奇的作用。钨铼族合金具有优良的低温延展性和高温强度，除了应用在宇宙飞船中的高温部位和核反应堆的管道系统中外，还被用作真空炉或氢气炉和涡轮机燃烧室中的热电偶，尤其适用于在高湿度和腐蚀性环境中使用的电触点。

与钨相比，像铌和钽这样的难熔金属虽具有好的延展性，但高温抗拉和抗形变强度不高。在这些金属中加入钨后，它的高温性能便能得到改善。它们可用于高温燃气涡轮机叶片，用于火箭喷嘴、火焰挡板和宇航方面的其他零件；还可用于某些用途的 X 射线靶；用于防化学管路或作严重腐蚀条件下的容器。

钨用途十分广泛，潜力巨大，应用前景也十分广阔，在现代科技日新月异的今天，人们利用钨的熔点特别高这一点，对钨的运用越来越广，而且这种材料因其良好的机敏性，使其在智能结构或机敏结构中具有重要的潜在应用价值，所以也被称为智能材料。只要我们继续努力发现它的长处，这位"硬汉"会有更大的空间去大展宏图。

千年不锈之谜

图左：越王勾践剑
图右：越王者旨於睗剑

当我们看到埋在潮湿地下 2000 多年、挖出来后表面却毫无锈蚀，仍然光洁如新的兵器时，我们肯定要惊奇地问，怎么会千年而不锈呢？

北京科技大学专家们曾用多种高科技检测仪器，发现秦兵马俑坑内的剑、镞矛、弩机之所以不锈，是因为表面有一层致密的黑色或黑灰色的保护层，其厚度为 10~15 微米，内含 CrO_2 的氧化层，平均含铬 2%，而黑色保护层内的青铜却不含铬。很显然这层黑色氧化层是用含铬化合物人工氧化得到的。后来在河北满城西汉墓中出土的、乌黑发亮的汉镞竟与秦镞基本相似，经检测后，发现其表面黑色保护层也是含铬的氧化层。它们时隔秦汉，又地跨陕、冀，时空间隔如此之大，却有相同的含铬氧化层，可见此项技艺在当时已广为流传，并已达到了相当高的水平。而德国在 1937 年、美国在 1950 年才发明了用铬酸盐或重铬酸盐处理青铜或其他有色金属，从而使工件表面生成氧化保护层，以提高工件的抗腐蚀性，还申请了专利。他们的专利，比起中国古代的秦人，要晚了整整 2000 多年！这真是金属表面处理工艺史的奇迹。

北京科技大学的专家们用当时秦人可以找到的原料铬铁矿、自然碱、硝石，将其混合后再进行加热来制备铬酸盐、重铬酸盐，工件在熔融的混合物中加热 1~2 小时，结果获得预想中的含铬氧化物的保护层，专家们用浓硝酸滴于其上，结果 5 分钟未见任何反应，又将其置于 10% 的盐水中，3 个月也未见有绿色蚀点。专家们认为古秦人可能就是利用此法获得青铜兵器致密的黑色保护层的，基本排除了那些兵器是因土壤中有铬酸盐而被自然氧化的可能性，或秦俑身上的铬颜料脱落再经过土壤使兵器氧化的可能性。当然，这仅仅是我们的分析，到底秦人用的是什么方法，至今还是一个谜！而且专家们在检验中发现有些兵器的黑色保护层中并不含铬，但也和其他物品一样不会生锈！这又是什么原因呢？这些千古之谜，还有待我们对其继续进行探究。

　　这项有 2000 多年实际测试防腐效果的工艺，完全可以为今天的防腐工程服务。我们现在常用的处理核垃圾的方法，还是用多层不锈钢闭封包装后，再将其深埋于无人烟的地质结构稳定的地下。其实，价格昂贵、名为"不锈"的不锈钢，最后还是会生锈的。或许在百年之内还是可以的，但若再过 1000 年、2000 年估计就难说了。而不锈的秦兵器，却能在地下潮湿的恶劣环境中，历经数千年考验而毫无损坏。如今还没有任何一种材料，曾在地下做过这么长时间的抗腐蚀性能实验。由此可见表面经铬氧化处理的青铜，可以作为最可靠的地下防腐蚀材料。

垃圾堆中发现的珍宝——不锈钢

明晃晃、光洁得可以照出人影子的不锈钢对我们来说是再熟悉不过了，在我们的生活中到处可以看到它的身影，厨房里的菜刀、炒锅、炒勺，还有携带方便的小剪刀都是用不锈钢制成的，而它在工业生产中的应用，那就更是不胜枚举了。不锈钢作为用途极为广泛的合金材料，曾被人们称为"20世纪的钢材"。它表面光亮夺目，惹人喜爱，而且还具备很多优良的合金性能。那么，不锈钢是谁发明的？又是什么时候开始应用的呢？

采用不锈钢制作的军用多功能刺刀

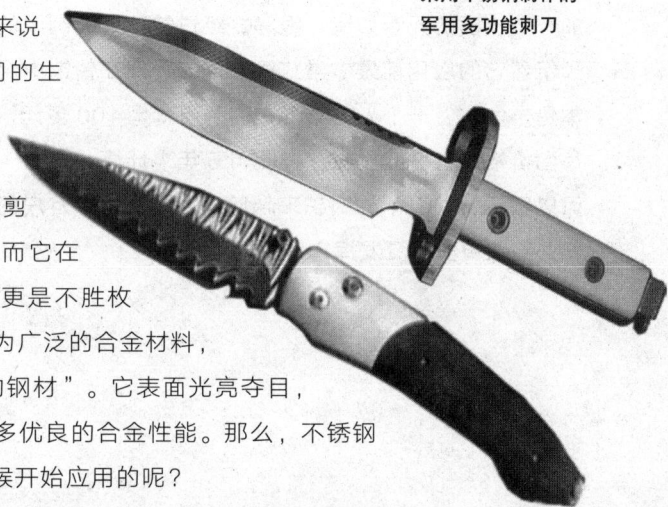

第一次世界大战期间，英国科学家亨利·布雷尔利受英国政府委托，进行武器的改进研究工作。当时，士兵用的步枪枪膛极易磨损。布雷尔利就想发明一种不易磨损的、适于制造枪管的合金钢。1913年，在一次研究实验中，他把铬金属加在钢中来进行实验，但由于某些原因，实验并没有成功。他只好失望地把它扔在废铁堆里。过了很久，由于废铁堆积太多，准备要拿去倒掉时，奇怪的现象发生了。原来所有废铁都锈蚀了，而仅有那几块含铬的钢依旧是亮晶晶的。这令布雷尔利感到奇怪，于是就把它们拣出来并进行仔细研究。研究后他得出，含碳0.24%、铬12.8%的铬钢，即使是在酸碱环境下也不会生锈。但由于它太贵、太软，并没有引起军部的重视。布雷尔利只好与莫斯勒合伙开办了一个餐刀厂，来生产"不锈钢"餐刀。这种漂亮耐用的餐刀一经上市立刻轰动欧洲，"不锈钢"一词也不胫而走。布雷尔利在1916年取得了英国专利权，并开始大量生产。这时，从垃圾堆中偶然发现的不锈钢便风靡全球，亨利·布雷尔利也因此被誉为"不锈钢之父"。

不过，不锈钢的"不锈"也只是相对的，在一些条件下它也可能生锈。如某些不锈钢在高温时会有生锈的倾向，或者在受力和特定的腐蚀介质联合作用下就易发生腐蚀，但这些腐蚀都是可以采取相应措施避免。目前，不锈钢仍然不失为合金钢舞台上的华丽主角。随着科技的日新月异，科学家们又在不锈钢中加入了各种新元素，如镍、钼、钛、铌、硼、铜、钒及稀有元素等，使其产生了更好的性能，进一步地开拓了不锈钢的应用领域。

　　而近年来出现的抗菌不锈钢更是不锈钢家族中的新宠，它是在不锈钢中添加一些抗菌的元素如铜、银等，经过特殊处理制成的。这种优良的抗菌自洁性预示着它的应用前景非常广阔。例如，现在餐馆中用的普通一次性木筷每副成本是一角钱，一个人一年下来的费用就是 100 多元。而用抗菌不锈钢做的筷子每副价格只有 2 元左右，按使用 5 年来计算，一副筷子将能节省 500 元左右。可以预见，随着不锈钢越来越普遍地走进千家万户的同时，这种品质优良的材料必将在更多领域发挥它的重要作用。

功能梯度材料

人们所使用的材料的内部成分或结构往往是比较均匀的，而实际上材料会遇到各种使用环境，或者不同部位使用环境不同的情况，这就要求材料的性能应该随它在构件中位置的不同而不同。比如，厨房使用的一把菜刀刃部需要硬度高的材料，而其他部位的材料则应该具有高强度和韧性。同样地，一台内燃机主体必须有好的强度，而燃烧室的表面层则必须有非常耐高温的性能才能提高热效率。也许有人会想，把两种材料直接结合在一起不就能解决问题了吗？而事实上这么做会存在很多隐患，因为构件中不同材料的热膨胀系数是不同的，如果构件处于高温环境下，就会导致其局部应力集中，从而使材料开裂。于是人们就设想，如果能从一种材料逐步自然地过渡到另一种材料，就可大大地降低应力集中。从而人们理所当然地想到了功能梯度材料。

其实，功能梯度材料并不是什么新材料。古人很早就就根据这种思路来炼铁，在日本出土的一把剑刃上，我们可以看到剑锋、刃部和主体的颜色是不同的，这说明它们的成分也是不同的。大自然早就把这个概念引入生物组织中了，例如，动物的骨头就是一种梯度结构，外部坚韧，内部疏松多孔。虽然一些美国的学者在 20 世纪 50~80 年代，对这种材料进行了初步的研究，但并没有正式提出这个概念。直到 1984 年，"功能梯度材料"这个术语才由日本的新野正之、平井敏雄等材料学家们提出来。当时，一系列的政府报告中也论述了以航天飞机为重点的太空领域对这种高性能材料的需求，应用的目标就是航天飞机上的发动机和防热系统。几年后，德国、美国、瑞士、中国和俄罗斯等国也相继展开了对功能梯度材料的研究，这一研究迅速成为材料界研究的热点。那么，功能梯度材料究竟是一种怎样的材料呢？我们来了解一下功能梯度材料（英文简称 FGM）；它是一种材料内部组分、结构、性能等，从材料的一部分到另一部分呈连续变化或分层阶梯式变化的新型材料，是一种特殊类型的复合材料，它的特点是材料的正反两面在性能上都有很大的差异，因而可以发挥出不同的作用。还有一个特点就是，这种成分或结构的变化是逐渐过渡的，可有效缓解材料两侧存在的温差所引起的巨大应力，因此它能够耐热冲击，且具有良好的机械强度。

　　功能梯度材料有很多种制备方法，使用的原料可以是液相、气相或固相。原则上来说，只要能有效地控制和改变各成分含量和比例的那些工艺都可以成为它的合成方法。一般都是通过物理方法或者化学方法来达到所需的梯度的，从而才能使材料在不同区域会具有不同的功能。在制备功能梯度材料之前，首先要根据环境的需要对各部分的参数（如应力、热膨胀系数等）进行计算，然后得出使这种参数按照预定分布值所需的组分变化数据，再通过精确控制生长工艺来制造出这种符合所需参数的材料。因此，材料在制备之前就已拟订了解决这个问题的方案，真可以说是"胸有成竹"。

　　目前，从研究方向来看，各国和地区的科研人员都对热障功能材料的研究有很高的兴趣。像日本的川崎重工业公司就把氧化锆和金属钛的结合面做成梯度结构，得到了氧化锆 - 钛合金系功能梯度材料，这种材料氧化锆的一侧可承受 1600℃的高温，这比常用的镍基合金材料的耐热温度高 200℃，钛的一侧能够耐热冲击，可用于制造燃气轮机的发动机，从而提高发动机的工作效率。

　　功能梯度材料的应用领域是非常广泛的。由于它具有较高机械强度、抗热冲击、耐高温性能等特点，在航空航天、电子器件、人造脏器、汽车发动机、制动器、化工部件等诸多方面都有广泛的应用。譬如，在航天领域就需采用金属陶瓷功能梯度材料，它的一面是陶瓷，另一面是金属，而中间是从陶瓷到金属逐渐变化的过渡层，它具有金属材料和陶瓷材料的双重特点，既有陶瓷的硬度和耐高温、耐腐蚀的特性，同时还具有金属的强度和韧性，可作为火箭耐热部件；而且在通信领域里，功能梯度材料可以制造多模光纤，这种光导纤维的光学折射率从轴心至外层是逐渐变小的，而且还能够在其他领域中作为极端条件下使用的材料。

　　如今世界各国和地区对功能梯度材料的研究都在如火如荼地展开，它在各个领域的应用已经取得了重要进展，已为人类的生产生活作出了很多的贡献。不过，仍然有许多问题需要人们去解决。我们可以想象，在不久的将来，功能梯度材料必将得到更大规模的研发和应用。

形状记忆高分子材料

如今，我们正处在高分子材料的包围圈之中，吃、穿、住、行都是丰富多彩的高分子材料。在那些性能丰富、种类繁多的高分子材料中有这样一类性能特殊的材料：不管它已改变成什么形状和尺寸，只要通过加热、光照、辐射、机械力作用、电刺激、酸碱变化、化学反应等外部条件或刺激手段的处理，又可以使其恢复到初始的形状和尺寸。具有这种现象的高分子材料，我们称之为形状记忆高分子材料。与形状记忆金属相比，形状记忆高分子材料不仅具有形变量大、易成型加工、记忆回复温度范围宽、且恢复温度便于调整、

正常

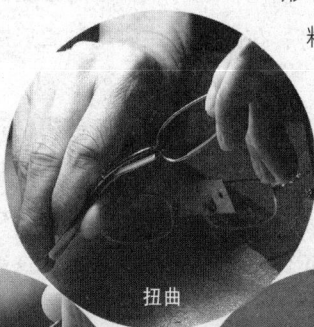

扭曲

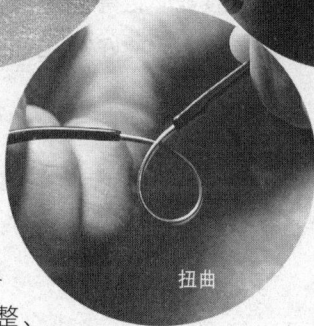

扭曲

恢复正常

保温和绝缘性能好、重复变形和使用次数多、价格便宜等优点。同时还具有耐锈蚀、耐酸碱、易着色、可印刷、质轻、成本低、实用价值高等优点，是高分子材料研究、开发和应用的一个新分支。形状记忆高分子材料是在 20 世纪 50 年代初取得重大进展后，自 20 世纪 80 年代以后发展起来的一种新型记忆材料，对它的研究一度引起世界各国和地区科研工作者的关注，并投入大量的人力、物力进行研究开发。而且形状记忆高分子材料的种类很多，主要有聚氯乙

烯、聚烯烃类、聚酯类等高分子材料。其中，热收缩管和膜、阻燃型记忆高分子材料是目前工业产量最大、应用领域最广泛的一类。形状记忆高分子材料就其用途而言十分广泛，目前已涉及化工、纺织、医学、建筑、电子及汽车等各个领域，并且产生了很好的经济效益。它可用于航空航天和国防军工行业中的智能材料及部件、建筑和仪器设备的接口、铆钉、空隙密封、异径管连接；也可用于机械制造业的阀门、热伸缩套管、防振器、缓冲器等；电子通信行业中的电子屏蔽材料、电缆防水接头等；印刷包装中的热收缩薄膜、夹层覆盖、商标等；医疗卫生行业中的绷带、血管封闭材料、止血钳、医用组织缝合器材等；还可用于纺织物的记忆防皱整理材料、火灾报警器感温装置及日常用品中的汤勺的把手和文体娱乐等产品中。并且某些用形状记忆高分子做成的便携式容器和玩具在登山、旅游时携带十分方便，需要时用热水加热使之回复到原状，取出冷却固定后即可使用。此外，那些高强度的形状记忆高分子材料还可做汽车的挡板和保险杠等，在汽车发生碰撞之后只需用热风加热即可使变形部分回复原状。

目前，法国、日本、美国等国家已相继开发出多种形状记忆高分子材料。我国也有许多专业人员在从事形状记忆高分子材料方面的研究开发工作，并已取得很好的成果。如今关于形状记忆高分子材料的研究仍在进行之中，随着人们对这一材料认识的进一步深入，其综合性能必将得到进一步的提高，其应用前景一定会更加广阔，也一定会给人类带来更大的好处，我们的生活也会更加丰富多彩。

形状记忆合金——"永不忘本"的功能材料

在人们的传统观念里都以为，只有人和某些动物才有"记忆"的能力，非生物是不可能有这种能力的。可您听说过有"记忆"本领的金属材料——形状记忆合金吗？难道合金也会和人一样具有记忆能力？但确实存在这种金属，形状记忆合金就是这样一类具有神奇"记忆"本领的新型功能材料。

许多重大的发现都是从偶然事件开始的，记忆合金也是这样的。1963 年，美国海军军械研究室在进行的一项实验中需要一些镍钛合金丝，然而他们领回来的合金丝都是弯弯曲曲的，使用起来不方便，于是他们就将这些弯弯曲曲的细丝一根根地拉直后使用。在后续实验中，奇怪的现象出现了：当温度升到一定值时，这些已被拉得笔直的合金丝，突然又魔术般地迅速恢复到原来的弯弯曲曲的形状，而且和原来的形状丝毫不差。他们又经过反复多次实验，结果每次都完全一致，被拉直的合金丝只要达到一定温度，便立即恢复到原来那种弯弯曲曲的模样。很像在以前被"冻"得失去知觉时被人们改变了形状，而一旦温度升高到一定值时，它们就会突然"苏醒"过来一样，又"记忆"起了自己原来的模样，然后便会不顾一切地恢复了自己的"本来面目"。形状记忆效应可用简单实验演示，人们可把原本弯弯曲曲的形状记忆合金丝在一定温度范围内根据需要来改变它们的形状，只要放入盛有热水的烧杯中，使之达到一个特定的温度，合金丝就会自动恢复到和原来一样的弯曲的形状。而且更可贵的是，它是一种无疲劳的材料，这种"记忆"本领即使重复 500 万次以上也不会产生丝毫疲劳，更不会断裂。因此，形状记忆合金被授以"永不忘本""百折不挠"等美誉，被比作一个人应具有的永不变节、坚贞不屈的精神和气节。类似的现象在 20 世纪 50 年代初期就不止一次地被观察到，但并没有引起足够的重视，这样使得记忆合金的真正实用晚了十几年。

我们知道蚂蚁能举起自重的 20 倍的重物，而当今奥运会举重冠军仅能举起自身重量的两倍左右的重物，但是若与形状记忆合金相比，举重世界冠军，蚂蚁也只能甘拜下风，自愧不如了，因为形状记忆合金（以镍钛为例）可承载

自重 100 倍以上的重物。形状记忆合金又可谓是名副其实的"大力士"。

　　人类踏上月球想了解月球上的情况，就必须要将月球上的信息传输回地球，然后再将地球上科学家的指令发到月球上，这样就实现了月球与地球之间的信息沟通。要发送和接收信息，就必须在月球表面安放一个庞大的抛物线形天线。可是，在小小的登月舱内，是无论如何也放不下这个庞然大物的。这个问题一度成为登月工程中的关键性技术难题之一。而形状记忆合金的发现给这个难题的解决带来了契机，从而也为这个金属材料领域内的"晚辈"提供了一次施展才华的绝好机会。在宇宙飞船发射之前，首先将抛物面天线折叠成一个小球，这样就很容易地装进了宇宙飞船的登月舱。而当登月舱在月球上成功着陆后，只需要利用太阳的辐射能对小球加温，折叠成球形的天线因具有形状"记忆"功能，便会自动展开，恢复到原来的抛物面形状，从而进行信息传输。如 1969 年 7 月 20 日，乘坐"阿波罗 11 号"登月舱的美国宇航员阿姆斯特朗在月球上踏下的第一个人类的脚印，这位勇士从月宫里传回富于哲理的声音："对我个人来说，这只是迈出的一小步，但对全人类来说，这是跨了一大步"。而阿姆斯特朗当时的图像和声音就是通过形状记忆合金制成的天线从月球传输回地面的。

　　形状记忆合金已在现代临床医疗领域内被广泛的应用，它正扮演着不可替代的重要角色。例如各类腔内支架、心脏修补器、血栓过滤器、口腔正畸器、人造骨骼、伤骨固定加压器、脊柱矫形棒、栓塞器、节育环、医用介入导丝和手术缝合线等，都可以用形状记忆合金来制成。记忆合金支架经过预压缩变形后，能够经很小的腔隙安放到人体血管、消化道、呼吸道、胆道、前列腺腔道以及尿道等各种狭窄部位。支架扩展后形成的记忆合金骨架，在人体腔内支撑起狭小的腔道，这样就能起到很好的治疗效果。而且与传统的治疗方法相比，用记忆合金制作的支架具有疗效可靠、使用方便、可大大缩短治疗时间和减少费用等优点，为外伤、肿瘤以及其他疾病所致的血管、喉、气管、食道、胆道、前列腺腔道狭窄治疗开辟了新天地，提供了很大的方便。

　　除在腔内支架方面有应用以外，在骨外科治疗领域范围，形状记忆合金同样有不俗的表现。我们知道，传统的骨伤手术器械包括一些接骨钢板、螺钉、螺母、钢丝等，手术时医生要进行一些繁杂的操作，像钻孔、楔入、捆扎等复杂操作，这样对患者的肌体就会不可避免地造成人为损伤。而且这种手术有时要进行四五个小时，病人的长时间麻醉对手术伤口的愈合也十分不利。用机械、刚性办法固定的器械在人体内容易发生弯曲、断裂、松动和腐蚀，有些患者要接受两次甚至多次手术，这种手术的效果实在是不理想。

　　然而应用形状记忆合金制成的记忆合金骨科内固定器械，就可使骨科手术省去钻孔、楔入、捆扎等这些复杂的工序。在进行手术时，医生先用低温一般为 0℃~5℃消毒盐水冷却记忆合金器械，然后根据需要改变其抱合部位的形状，安装于患者骨伤部位。而后待患者体温将其"加热"到设定的温度时，器械的变形部分便恢复到原来设计的形状，从而将伤骨紧紧抱合，起到固定与支撑的作用。这种新技术与传统的骨伤内固定术相比，大大降低了手术的难度，而且使手术时间缩短为原来的 2/3。由于材料自身的记忆功能十分稳定，良好的"抱合力"使患者手术的愈合期也大大缩短，而且效果很好。

　　记忆合金与我们的日常生活休戚相关。现以记忆合金制成的弹簧为例，我们把这种弹簧放在热水中，弹簧的长度就会立即伸长，再放到冷水中，它又会立即恢复原状。利用它的这个特性可以控制浴室水管的水温，在热水温度过高时通过"记忆"功能，调节或关闭供水管道，避免烫伤。而且形状记忆合金还可以用作消防报警装置及电器设备的保安装置。在发生火灾时，记忆合金制成的弹簧发生形变，从而就启动消防报警装置，这样就能达到报警的目的。还可以把用记忆合金制成的弹簧放在暖气的阀门内，用以保持暖房的温度，在温度过低或过高时，就能自动开启或关闭暖气的阀门。

　　形状记忆合金也是一种集感知和驱动双重功能为一体的新型材料，已被广泛地应用于各种自动调节和控制装置，也称作智能材料。人们正在设想利用形状记忆材料研制像半导体集成电路那样的集记忆材料、驱动源和控制为一体的机械集成元件，形状记忆薄膜和细丝还有可能成为未来超微型机械手和机器人的理想材料，它们除温度外不受任何其他环境条件的影响，而且有望在核反应堆、加速器、太空实验室等高技术领域中大显身手。

汽车制造业"新宠" ——泡沫金属材料

　　随着工业和科技的迅速发展以及现代文明社会的进步，大自然提供的材料已经远不能满足今天高度发展的社会的物质需求，于是，人们就用各种各样的方法冶炼出了许多合金材料、烧结成各种陶瓷和金属间化合物、复合成各类高分子聚合物。在20世纪90年代末，就出现了一种新型材料——"泡沫金属材料"，由于这种材料具有许多优异的物理性能，已经在消声、催化载体、减震、屏蔽防护、分离工程、吸能缓冲等一些高技术领域获得了广泛的应用，尤其在汽车制造业中，泡沫金属材料已成为推动新一代汽车革命的原动力之一，更成为汽车制造业的"新宠"。

　　泡沫金属材料究竟是一种什么样的材料？具有哪些优异的物理性能呢？又因何种魔力能够推动汽车业的新革命，成为汽车制造业的"新宠"呢？在了解这些问题之前，我们可以从追寻前辈们探索新材料的足迹，来看看泡沫金属材料是如何出现的，再领略一下它独特的"魅力"。

　　人类在探索新材料的过程中，起初总认为材料越致密、强度越大，就能够营造或是承受重负荷，像钢、水泥、玻璃等。但事实并非如此。实际上，自然界提供的材料往往是泡状材料、多孔材料和泡沫材料，诸如：骨骼、树木、珊瑚等，这些不致密材料的强度就一定不高了吗？当然不是了，这种探索思路的改变，最终促使了泡沫金属材料的出现。

　　泡沫金属材料是一种含有泡沫状气孔的金属材料。它与一般烧结多孔金属相比，它的气孔率更高，而且孔径尺寸较大，可达7毫米。由于泡沫金属材料是由金属基体骨架连续相和气孔分散相或连续相组成的两相复合材料，它的性质会受到所用金属基体、气孔率和气孔结构，以及制备工艺等的影响。一般情况下，泡沫金属材料的力学性能随气孔率的增加而降低，导电性与导热性随着气孔率的增加也呈下降趋势。当泡沫金属材料承受一定压力时，由于气孔塌陷导致的受力面积增加和材料应变硬化效应，从而会使得泡沫金属具有优异的冲击能量的吸收特性。目前使用的泡沫金属材料有铝、镍及其合金等，而且制备泡沫金属材料的方法也有很多种，有粉末冶金法（可分为松散烧结和反应烧结两种）、渗流法、喷射沉积法、湿式电化学法、熔体发泡法、共晶定向凝固法等。在这些众多的制备方法中，除一些特殊要求外，作为工业大生产最有前途的就是熔体发泡法了，因为它的工艺不但简单，而且成本低廉。熔体发泡法技术难点就在于要选择合适的金属发泡剂，一般要求这些发泡剂能在金属熔点附近迅速起泡。

在过去的数十年中，泡沫金属材料已经得到了广泛的应用。那它为什么能在汽车制造业备受关注，成为汽车业新革命的主力军呢？

一般轿车车身材料主要是金属薄钢板，厚度大都在 0.6~2.0 毫米之间。但是，随着现代轿车技术的发展，汽车轻量化水平的高低已成为汽车行业竞争力强弱的标志，成为汽车工业可持续发展的核心问题，而汽车材料是汽车的基础。汽车技术的发展在很大程度上依托于汽车材料的发展。要研制更经济的汽车，就必须使用更轻便的材料，这已经成为汽车界的一个共识。所以需寻求一种轻便材料来代替以往的合金材料。

德国大众采用铝制造
的奥迪 A8 轿车

真可谓时势造英雄，这时泡沫金属就在汽车制造业找到了一展身手的空间。泡沫金属主要是指泡沫铝合金，它由粉末合金制成。通常的粉末合金是用粉末压制成型，或用金属粉末及塑料的混合物注射磨制成型。首先要除掉分型剂及增塑剂，再将压制的坯件烧结（是一种温度在 1000℃左右的热处理方式），从而使它们具有一定的特性。烧结的性质及应用范围，在很大程度上取决于孔隙率的大小。泡沫铝合金密度很小，在承受很大外力时会变形压缩，当撤去外力，会凭着它自身的弹性恢复到原来的形状，这点很像橡胶。专家指出，若把外来总能量假定为 100%，泡沫铝合金变形量为它的 60% 时，它就能承受外来总能量的 60%。由于它本身具有一定的强度，所以可以经过多次这样的变形循环而不断裂。泡沫金属还有一个特点就是它的重量很轻，密度不到铝合金材料的 1/4，而热膨胀系数与铝合金材料一样，热导率还相当低，加上它的变形恢复性能极佳，又有一定的强度，可以在轻量化及安全性方面显示优势，因此受到了汽车业的极大重视。目前，用泡沫铝合金做成的汽车零部件有发动机舱盖、行李箱盖、翼子板等。泡沫铝在高架路及某些建筑用隔音设备中也有了很大的应用。在安全性设计中，把泡沫金属用作吸收碰撞能量的主要材料是十分适宜的。因为，汽车的安全设计不但要考虑乘用人的安全，还要考虑到其他车辆及行人的安全。

随着科技的发展以及材料研究的深入，泡沫金属这一新型材料将会在航空航天、汽车制造、化工、建筑以及军工等更多的领域里更大地发挥出其独特的魔力。

"轻柔活泼" 的两姐妹——碱金属钾和钠

自然界中单质的钾和钠是不存在的，它们是以化合态的形式分布于地球各处的岩石、土壤及海洋里。人类很早就和钠、钾的化合物打交道了，我们每天吃的食盐，主要成分就是氯化钠；做陶瓷原料用的钠、钾长石，其中就含有钠与钾的氧化物；农业上的草木灰肥料就含碳酸钾；我国古代四大发明之一的火药，就有钾与钠的硝酸盐……然而，很长一段时间以来，人们并不知道这些化合物的构成，还误以为它们是不可再分的。大约在18世纪初，一些细心的化学家发现，有些碳酸盐或其他化合物的性能接近，但却有不同的结晶形状，从而推测这些物质可能是由不同的元素组成的化合物。

英国青年化学家戴维在1807年10月，揭开了这个谜底。他在电解熔融的无水氢氧化钾时，在阴极上发现了一粒粒水银般的小颗粒，经鉴定，小颗粒是一种新金属——钾，他又用相同的方法电解熔融的无水氢氧化钠，获得另一种新金属——钠。

钾、钠的发现，使当时人们固有的传统金属观念受到了巨大的冲击，一般认为金属应当是沉甸甸、硬邦邦的。可是它们摸上去软绵绵的，用普通的小刀，就可以轻易地切开，比水还轻，钾的比重为0.87，钠的比重为0.97。熔化它们也不需要熔炉，因为钾的熔点为63℃，而钠的熔点为97.7℃。更令人称奇的是，它们的化学性质非常活泼，暴露在空气中立刻被氧化，而失去金属光泽。所以只能将它们"与世隔绝"，保存在脱水的变压器油或煤油中。它们只要一遇到水，马上发生剧烈的化学反应，并激烈燃烧起火，在水面上乱蹿，嗤嗤作响，还冒起缕缕白烟，放出氢气。因为它们在水中生成的氢氧化钾和氢氧化钠都是强碱，所以钾、钠又称为碱金属。不过钾比钠更为活泼，即使把它放在冰块上，也会自燃，将冰烧出一个洞来。它们同位于元素周期表的第I族，是"身体轻盈柔软、性格异常活泼"的两姊妹。

钾、钠在工业上应用非常广泛，利用它们强烈的吸水性和与氧气化合的性能，可用作脱水剂与脱氧剂。诸如在生产电子管时，可用来吸收管内的残氧和

水分；在有机合成工业及稀有金属冶炼中，可作还原剂。钠可把丁烯触媒聚合成丁钠橡胶，其性能可与天然橡胶相媲美。钠还可作为油品脱硫剂，生产汽油抗爆剂四乙基铅和制造钠光源等。液态钠的冷却能力极强，比水高 40~50 倍，因此可用作原子反应堆的高效冷却剂。用钠砖建造的中子反应堆，不仅体积小，而且价格低廉。

钾可用来制造超氧化钾（KO_2），为宇宙飞船、潜水艇乃至未来的月球住宅提供氧气仓库。因为超氧化钾吸收二氧化碳和水分后能放出氧气，每千克超氧化钾可释放出 336 升的氧气。

钾、钠的研究与应用已有近 200 年的历史了，但我们对它们的认识还是不够彻底的。传统观念告诉我们，钾和钠是很容易形成正离子的，但钠在液氨中形成的深蓝色溶液中的钠离子却是 -1 价，故溶液具有优良的导电性能。这个出人意料的现象，已引起广大科技工作者的极大兴趣。我们相信在未来钾、钠的应用前景将会更加广阔。

金属中的"硬骨头"——铬

铬是1797年由法国沃奎林在"西伯利亚红铅矿"（即铬酸铅矿）中发现的。由于铬的化合物有黄（如铬酸镁、铬酸铅）、绿（氧化铬、硫酸铬）、橘红（重铬酸钾）、猩红（铬酸）、蓝紫色（含水硫酸铬又名铬矾）等多种多样的颜色，法国化学家伏克劳和霍伊将其取名为铬，来源于希腊语意为"颜色"。铬在地壳中主要以铬铁矿存在，绿宝石和红宝石中的颜色就是其中所含的铬盐的颜色。工业上主要通过焦炭还原铬铁矿以及用铝或硅还原三氧化二铬，再通过精炼来得到铬。

金属铬具有银白色光泽，而且以"硬骨头"而闻名金属世界，是最坚硬的金属。用铬和其他金属组成的合金可大大提高金属的硬度，延长使用寿命，比如用高铬铸钢作为轧钢导板材料，其寿命要比铸铁导板长500倍。铬还具有很强的抗腐蚀能力。在1913年，英国科学家亨利·布雷尔利采用铬和铁等金属制备合金，当时由于对成品的一项指标并不满意，于是将它扔进了废品堆。然而过了很长时间后，废品堆中许多金属都已锈迹斑斑，而该合金却仍然光亮如新。于是他进行了重新研究，制得了材料新秀——不锈钢。为什么不锈钢特别耐腐蚀呢？原来，铬在潮湿的空气中很稳定，当接触到强氧化剂浓硝酸时，首先在金属表面形成一层致密的三氧化二铬薄膜，阻止进一步被氧化。合金中添加铬，也会形成这种稳定的薄膜，阻止电化学腐蚀。

目前，不锈钢在日常生活、医疗器械及汽车、造船工业等各方面都得到了广泛的应用，现在的不锈钢虽然各种各样，但仍以铬为主要添加元素。铬还常用于电镀，金属表面镀铬后可增加硬度，防止腐蚀。在我国秦始皇兵马俑出土的秦俑佩戴的兵刃和剑上就镀有金属铬，这说明我国人民2000年前就掌握了镀铬技术。铬的化合物也用于各行各业。

重铬酸钾广泛用于造革工业和纺织工业；也常溶解于浓流酸或浓硝酸中制成洗液，清洗玻璃仪器上的油迹和污斑；在分析化学中以重铬酸钾作氧化剂，来测定铁矿中铁的含量，俗称"重铬酸钾法"。铬酸锌是合成甲醇的催化剂。

三氧化二铬是乙烯聚合反应的催化剂。铬绿（氧化铬）和铬黄（铬酸铅）还是重要的颜料。

铬还是人体必需的微量元素。铬是胰岛素不可缺少的辅助成分，通过参与糖的代谢过程，促进脂肪和蛋白质的合成，进而促进生长发育。当人体缺铬时，胰岛素作用降低使糖的利用发生障碍，结果血内脂肪和类脂，特别是胆固醇含量增加，出现动脉硬化——糖尿病的综合缺铬征。若出现高血糖、糖尿、血管硬化时，血糖增高引起渗透压降低，造成眼睛晶状体和房水渗透压改变，促使晶状体变凸，屈光度增加，从而就会造成近视。

虽然三价铬基本无毒，但六价铬毒性却很强，铬酸盐和重铬酸盐毒性就更大。若经常吸入含重铬酸盐的空气，会引起鼻中隔穿孔、眼结膜炎和咽喉溃疡等。如果不慎口服了重铬酸盐则会引起呕吐、腹泻、肾炎、尿毒症甚至死亡。长期吸入六价铬的粉尘会引起肺癌。

由于铬极为广泛的使用，特别是电镀行业的废水废渣中含有大量的六价铬，这样就很容易造成环境污染。处理含铬废渣主要采用亚铁还原法，将六价铬还原为无毒的三价；也可采用钡固定法，使六价铬生成不溶性的铬酸钡，用于建材。

虽然铬有好处但也有坏处，不过只要我们能够合理利用铬的优点，必将给人类带来更多的益处。

见不得光的金属——铯

　　提到金属，人们肯定马上就会联想到它那坚硬如钢、闪闪发光的样子。然而，世界上却有一种见不得光的金属，在阳光的照射下，会变得"骨酥筋软"，瘫成一摊稀泥，它就是金属铯。

　　铯，原子序数 55，原子量 132.90543，元素名来源于拉丁文，原意是"天蓝"。1860 年德国化学家本生和基尔霍夫在研究矿泉水残渣的光谱时发现铯，因其光谱上有独特的蓝线而得名。铯在地壳中的含量为百万分之七，主要矿物为铯榴石，元素符号为 Cs。

　　铯是软而轻、熔点很低的金属，纯净的金属铯呈金黄色；熔点 28.4℃，沸点 669.3℃，密度为每立方厘米 1.8785 克。

　　铯的化学性质活泼，铯与水和 -116℃的冰反应都很剧烈；碘化铯与三碘化铋反应能生成难溶的亮红色复盐，该反应用来定性和定量测定铯；铯的火焰成紫红色，可用来检验铯。为了让铯"老实"点，人们不得不把它"囚禁"在煤油中，让它"与世隔绝"。

　　如今已进入了 21 世纪，随着现代高新技术的迅猛发展，铯在许多领域发挥了其不可替代的作用，这是由它所具有的种种特殊性能决定的。

　　铯之所以见不得光，是因为它对光线特别敏感，即使是在极其微弱的光线照射下，它也会放出电子，产生电流，这就是人们经常提到的"光电现象"。利用这一特性，人们把铯喷涂在铝片上，就可制成"光电管"。这种光电转换装置可以实现光照和电流的转换，而且光线越强，得到的电流就越大。铯的这一特性有着十分广阔的应用前景。

　　人们所熟悉的电视，在进行光电转换时靠的就是光电管。电视节目在拍摄制作过程中，光电管把所摄物体反射的光线变成强弱不同的电流，然后，经电视台以电磁波的形式发射出去，送往全国各地，供千家万户的电视机接受。电视机收到电信号之后，再经过转换，使电信号变成图像，人们就可以观看到各种喜爱的节目了。

科研人员还利用光电管做成了自动报警装置，用来代替人来看守重要地区和仓库等部门，如果有人来进行破坏或盗窃等活动时，只要遮住预先围绕建筑物及各种物品上的光线，光电管就会使电铃、警灯等信号器接通，发出紧急警报，通知有关人员迅速采取措施。

　　铯还可以做成体积小、重量轻、精度高的计时仪器——原子钟。大家知道，地球每转一周需要 24 小时，它的 1/86400 就是 1 秒，但是地球的自转速度并不是一成不变的，它不稳定，而是时快时慢。经研究发现，铯原子最外层的电子绕着原子核旋转的速度总是极其精确地在几十亿分之一秒的时间内转完一圈，其稳定性比地球自转高得多。人们利用铯原子的这一特性制成了一种新型的钟，即铯原子钟，规定一秒就是铯原子"振动"9192631770 次，相当于铯原子的最外层电子旋转这么多圈所需要的时间，这就是"秒"的新定义。有了铯原子钟，就有可能从事更为精确的科学研究和生产实践，如对原子弹和氢弹的爆炸、火箭和导弹发射以及宇宙航行、人造地球卫星等，可以实现高精确的控制与运行。

　　铯在其他方面还有许多奇特的用途。铯在有机和无机合成中可用作催化剂。铯原子受热后很容易电离，所形成的正离子会加速到很高的速度，能为火箭推进器提供强大的推力，因此被选作航天动力系统的燃料。放射性铯同位素可用于辐射育种、食品辐照保藏、医疗器械的杀菌、癌症治疗和辐射加工等。

　　由于铯的"脾气"太过喜怒无常，目前人们对它的各种性质认识还不够完善，因此科学家们正在投入大量精力来研究它，随着科研手段和水平的提高，相信科学家们会一步步地揭开它那美丽而神秘的面纱，继续为人类造福。

神奇的纳米技术和纳米材料

　　纳米是一个微小的长度单位，1纳米等于十亿分之一米。一根头发丝的直径有7万~8万纳米。纳米粒子通常是指粒径小于10~20纳米的颗粒。纳米向人类洞开了一个崭新的微观物质世界。

　　纳米技术，就是通过高科技手段，使原子、分子或原子团，分子团重新排列组合在纳米长度范围内（1~100纳米）而合成一种全新物质的高新技术。纳米技术的最终目的就是直接以原子和分子来制造具有特定功能的产品。纳米技术涉及的学科内容十分广泛，但代表纳米技术主流的只有几项，即纳米材料、纳米电子学和纳米医学。纳米材料是纳米技术的重要组成部分，也是国际上竞争的热点和难点。

　　许多原来在宏观尺度上使用的规律、定理、方式、方法，在纳米层次，都将不再适用。物质在纳米层次上表现出许多新的和有大幅度提高的物理、化学和生物特性。既然纳米有这么好的特性，利用纳米技术就可以制造出具有各种各样特异功能的新材料。

　　利用了纳米材料的特殊性能制成的纳米金属和纳米陶器，与一般材料相比，不仅具有更高的强度和硬度，还具有良好的塑性和韧性。美国成功制备了粒径为50纳米的铜块体材料，硬度比粗晶铜提高了5倍。普通陶瓷是脆性的，但许多纳米陶瓷在室温下就可发生塑性变形。另外，由于二氧化钛颗粒吸收紫外线的能力与其颗粒粒度有关，粒径为20纳米的二氧化钛吸收紫外线的能力比粒径为200纳米的二氧化钛要强得多。因此，纳米二氧化钛又作为防晒剂广泛用于化妆品中。

　　由于纳米材料的化学活性很高，可以作为高效催化剂。在高分子聚合物的氧化、还原及合成反应中，采用纳米铂、银、氧化铝、氧化铁等作为催化剂，可以显著提高其反应效率。粒径为30纳米的镍粉可以使加氢或脱氢的反应速度提高15倍。这是由于纳米材料粒径小，表面原子数的比例增大。当粒径为10纳米时，表面原子百分数为20%，而粒径为1纳米时，表面原子百分数增大到 99%，此时组成纳米晶粒的所有原子几乎都集中在表面上。由于表面原子周围缺少相邻原子，具有不饱和性，易与其他原子相结合而稳定下来。

纳米用在能源方面，可制成直径为 10~30 纳米，长度为 150 纳米的纳米碳管，它是导电率良好的材料，经处理后可做成纤维，再制成相应的编织布作为电池的正负极板，表面积可达 2000 平方米／克，每根纤维上有上亿个小孔，可存储大量离子电量，提高了电量的存储率。

汽车尾气排放是城市空气污染的主要来源，因而电动车的开发成为热点。但如采用铅酸电池，一部 1.2 吨重的小轿车，电池重量就要达到 540 千克，一次充电只能跑 144 千米；如用氢镍电池，重量也要达到 450 千克，也只能行驶 210 千米，能源与载重比极不相称。利用纳米技术做成汽车上的纳米电池。一般电池的比功率只有 60~135 瓦／千克，而纳米电池可达 1000 瓦／千克以上，一般铅酸电池寿命为 200~300 次，而纳米电池则大于 1000 次。以电动轿车为例，纳米电池一次充电可行驶 483 千米以上，已具备了同汽油竞争的能力，而使用成本只有汽油车的 1/3~1/2，同时还是一种清洁能源，能起到环保的作用。

纳米碳纤维电池体积特别小，只有普通电池的 1/16，重量是普通电池的 1/10~1/7，而蓄电能力却是铅酸电池的 10 倍。把纳米碳纤维电池用在电动自行车上，可延长电池的使用寿命，减轻车的重量。

在微电子学中，可利用纳米电池的体积小、重量轻、能量大的特点。制成外径为 1 毫米、厚度为 3 毫米的贴片电池，可用于电子手表、电子仪器、手机等。美国制成的能放在人体血管里的超微型马达，装上纳米碳电池可疏通人体血管里的脑血栓，在医学上这是极其有效的。

纳米电池由于可做成超微型，在军事上也有广泛用途，可用于导弹、潜艇、飞机、通信、雷达、人造卫星等。

在医疗上，因纳米颗粒比红血球（6~9 微米）小得多，可以在血液中自由运动，因此可以注入各种对肌体无害的纳米粒子到人体的各部位，来检查病变和进行治疗。很多不溶于水的物质做成纳米粒子后可溶于水，与因有效成分不溶于水而难以做成注射剂相比，利用纳米技术作成纳米颗粒，这对发展中药很有意义。

目前人类对于纳米技术和纳米材料的研究，已成为国际科技界的一大热点，其意义甚至让一度引领科技进步的微电子技术相形见绌。科学家们普遍认为，纳米技术是一项划时代和革命性的高新技术，是推动世界经济高速增长的"加速器"。

　　由于纳米技术有着十分广阔的发展前景和极高的经济价值，西方发达国家纷纷制订了发展战略，投巨资抢占研发制高点。我国也将纳米技术研究列入国家的"攀登计划""863计划"和"火炬计划"，成立了中科院纳米技术研究中心，建立了"国家纳米技术产业化基地"并在化工、电子、通信、环保等领域取得了突破性的成绩。

　　一个由纳米、纳米技术和纳米材料等高科技成果引领的新时代，将给人们打开一个五彩缤纷的崭新世界。

如何降雷伏电

人类发展的历程中，那些自然灾害就像一把利剑悬在头顶，随时随地都可能给人类带来深重的灾难。飓风、地震和海啸等灾难已使人们清醒地认识到了自然界的可怕威力。像地震和海啸这类毁灭性的灾难已引起了全球的高度重视，而在日常生活中，一些不易引起人们注意的恶劣天气也常常威胁着人类的生命和财产安全。

据我国气象领域权威机构调研，每年我国因雷电事故造成的伤亡人数达千人之多，经济损失高达近百亿元。而且在发展一日千里的现代社会里，雷电事故还直接影响着计算机网络系统、建筑、电信、航空航天、电力、石油化工、消防和交通等这些与人类生活息息相关领域的安全，雷电灾害被国际电工委员会（IEC）称为"电子化时代的一大公害"。因此，需要寻求科学的方法来尽量避免雷电灾害给人类带来的损失，对防雷技术的需求也日益迫切。

在防雷减灾工作中，金属材料占有一定的地位，而且有机和无机非金属材料在防雷上也发挥着十分重要的作用。我们通常见到的建筑物顶上的避雷针，就是用一种耐腐蚀、电导率高的不锈钢材料制成的。避雷针是一种针状金属物，它用粗导线与埋在地下的金属板相连，以保持与大地的良好接触。当带电云层接近时，大地中的异种电荷被吸引到避雷针的尖端，由于尖端放电会把那些电荷释放到空气中，然后与云层中的电荷中和，达到避雷的目的，从而保护建筑物免遭雷击的破坏。

在这个过程当中，大地中的异种电荷能否被有效地吸引到避雷针的尖端，是十分关键的，金属接地的一端与土壤之间的接触

夏季的雷电天气极具破坏性

电阻，以及接地端周围土壤的状况都影响到防雷与接地保护的效果。若在土壤电阻率较小的区域，要降低接地电阻比较容易，但在高山岩石区和土壤电阻率较高的其他区域里，需要往土地中填充降阻剂，这样就能使接地电阻降到一定的范围，一般要求接地电阻在 0.5~10 欧姆之间。人们使用的降阻剂有很多种，从性质上来说，则分为化学降阻剂和物理降阻剂两类，但目前广泛使用的还是化学降阻剂模式。化学降阻剂的共同特点主要是以 Cl^-、SO_4^{2-}、NO^{3-} 与碱性金属构成的电解质盐类为导电物，如 KCl、Na_2SO_4 等。化学降阻剂可与土壤结合而形成的胶凝物在凝固后，会紧密附着在接地极金属板表面，这样就可防止空气中的氧渗透，从而减缓对金属的腐蚀。但化学降阻剂却有一个局限性，那就是它只在有水时才能电离出带电离子，从而成为导电主体。化学降阻剂电解质的浓度越高、或电离度越大，电阻率就越低，降阻性也会越好，但这时电离出来的阴离子对金属的腐蚀也越严重。而且随着季节性的地下水的起落，使得电解质流失，尤其是当无水时，电解质产生结晶或低温结晶，电阻率会升高而失去降阻能力，这些缺点对接地降阻将会产生不利影响，从而限制了化学降阻剂的应用。

但物理降阻剂却是由非电解质导电材料组成，它导电性不会受周围环境的影响。如用强导电的碳素粉末作导电材料，其导电性不受酸、碱、盐，高、低温，干、湿度所限。由于碳素导电物不溶于水，与金属也不发生反应，与土壤有限渗混，凝固后不因地下水位下降、天气干旱、雨水季节而流失，因此性能更稳定，寿命更长。而且值得一提的是，有一种含有稀土元素的防雷降阻剂在环保上还有与日俱增的优势，因为它不会对土地产生污染，素有"绿色防雷降阻剂"之称。稀土材料被看作是"21 世纪发掘新功能材料的宝库"，我国在稀土资源上具有绝对的优势，地球上已知的稀土矿藏中有 2/3 在我国。而且它在气象产业这一新领域的应用，对发展稀土工业、开拓稀土功能也是一大促进。

自然灾害虽然可怕，但也不是没有办法来解决的，我们可以借助科学技术来保护自己，尽可能地把灾害造成的损失降到最低限度。

彩色的电镀

金属首饰经一般的工艺制作后，其表面呈现的颜色即是本色。然而，有时需要改变其表面的颜色，以求达到特殊的效果。比如要求 18K 黄金首饰要像足金那样金黄，而 18K 白色黄金首饰（白 K 金）却要像铂金一样呈现纯白光亮，这就需要对金属首饰进行表面处理——电镀。

电镀是一种较复杂的工艺。它既起到保护首饰金属表面的作用，又可使金属首饰表面更加美观。金属首饰电镀分本色电镀和异色电镀。本色电镀是指电镀颜色与首饰金属基材的颜色相同，首饰的金属基材与电镀的化学组成也基本一致。异色电镀指电镀的颜色及成分与首饰金属基材的颜色和成分都不相同。

20 世纪 70 年代，国外流行着一种仿金电镀新工艺。这种电镀可以根据人们的需要，选择不同的合金进行电镀，使合金披上一层美丽的彩色金属衣。例如，选用一种金铜合金进行电镀，可得到玫瑰色的金镀层；选用金银合金进行电镀，可得到绿色的金镀层。许多用品镀上一层白银后，熠熠生辉，可用作装饰。刀、叉、杯、碟等餐具上镀银后，光亮洁白。银离子还可杀灭水中的某些微生物。但是，它同空气接触久了，就会同空气中的硫化物作用而逐渐变黑。有一种方法可使镀层长久洁白不变色，那就是在镀银层上再镀上一层耐腐蚀的铑。

曾经流行的"黑珍珠"镀饰，是在制件上电镀黑铬、黑镍、黑铑，得到黑色镀层；也有用电镀同化学处理相结合来得到黑色镀层的。现在，著名照相机的上盖和底盖，汽车上的仪表零件，都采用了黑铬镀层，代替黑色无光漆，具有良好的遮光、防腐蚀作用。还有一种镀锌后经银盐处

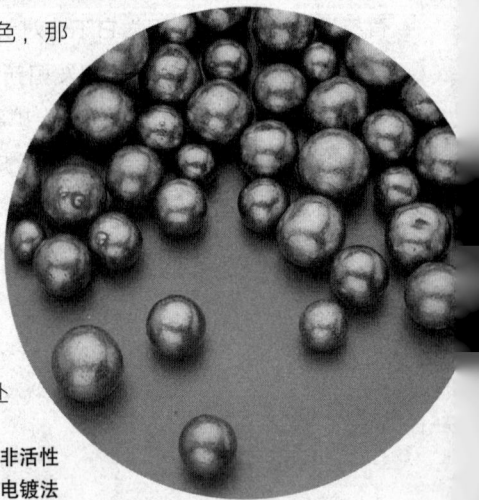

电镀用镍珠是一种非活性原镍，适用于钛阳极篮电镀法

理得到的黑色层，耐腐蚀，成本也低，具有可观的利用价值。

有些热水瓶外壳、饼干罐盒上，有类似于冬天玻璃窗上常常结的冰花图案。这是因为这些热水瓶外壳、饼干罐盒是由马口铁做的。它们在薄铁皮上镀上了一层锡。先在薄板上镀锡，然后加热，使镀层熔融，再在熔化的锡镀层上快速喷淋冷水滴。由于骤冷作用，锡镀层急剧凝固，重新结晶，就形成了不规则的雪花、菊花、杜鹃花般的图案。用它制成热水瓶外壳、饼干罐盒，再在上面涂刷红、黄、蓝、白、黑、青、灰等颜色的透明油漆，就形成了各色的美丽图案，变化多端，若隐若现，别具特色。

经过化学处理后的各种镀层，色彩变得更加丰富、亮丽。将镀锌的零件放进特殊染料溶液中浸渍，可以得到蓝色、绿色、红色等各种色彩的镀层；将镀银或镀镍的零件放进特殊的硫化物溶液中浸渍，随着时间的增加，镀层发生了从金色到赤色、赤紫、蓝紫和蓝色这样规律的变化。

如果要让色彩更加丰富，可利用铝的阳极氧化技术染色。我国制造的一种打火机外壳，采用铝氧化新工艺，色彩十分绚丽。这种无机盐着色的铝氧化工艺制品，还广泛应用在建筑物的门窗框架、公用电话亭框上等许多方面。

另外，还可以在镀铜的工件上镀上黑镍或氧化薄膜，然后进行部分抛光，露出铜质，就成了古色古香的仿古铜器。再用它来做纽扣、茶盘、烟缸、灯具等。

什么是磁性液体

磁性液体又称为磁流体或者是铁磁流体，它兼有固体磁性材料的磁性与液体材料的流动性，是一种新型的液体功能材料。在密封、润滑、阻尼、研磨、分离、印染印刷以及环境保护方面都得到了广泛的应用。

在中国科技馆里有"磁液爬坡"和"沉浮球"两件展品，它们的内在原理就是磁性液体。磁性液体是一种黑色的胶体溶液，在它内部含有大量的磁性细微固体颗粒，这种磁性颗粒叫作四氧化三铁（Fe_3O_4），有较强的磁性，磁性颗粒非常小，直径才 10^{-9} 米，属于纳米级材料，肉眼根本看不到它。在每个细小的磁性颗粒表面都涂抹了油酸等表面活性剂，然后，把它们放入油或其他专门的液体里，就制得了磁性液体。油酸是一种特殊的化学药品，涂抹它的目的是为了使磁性颗粒均匀地分布在液体中，并使磁性颗粒之间不粘连。

磁性液体是液体吗？

可以先来做一个实验，在一个瓶子里面放上水，然后倒入一些磁性液体，会发现它与水并不融合，就像水与油一样。当我们摇动瓶子时，它会慢慢改变形状，除了颜色不同外，它就像变形虫。当用一块磁铁靠近瓶底时，突然，磁性液体就像有生命的生物一样，迅速与磁铁相吸。如果磁铁具有规则的形状，磁性液体立即就会变成与磁铁相同的形状。磁性液体一会儿变成蛇的形状，一会儿变成花的形状，总而言之，下面磁铁是什么形状，磁性液体就变成什么形状。这些实验说明，磁性液体与磁铁接近，要发生相互作用，说明磁性液体是磁铁的一种，是磁性粒子与液体的混合物。所以，磁性液体是固体，有棒状、扁平、马蹄形等各种形状。而且它属于一种新型磁铁。

磁性液体的应用

磁性液体原本是美国科学家开发的宇航材料，主要对太空服的肘部、腿部、颈部等活动部位有密封的作用。现在，它仍然是真空装置的密封材料。而分离金属是磁性液体的另一个重要用途。在玻璃烧杯内倒进一些磁性液体，然后放入金属球，金属球很快沉入杯底。玻璃烧杯下面是一块磁铁。当磁铁接近杯底时，金属球从液体里浮了出来。当磁铁离开杯底后，金属球又沉入了杯底，这多么的神奇啊！当磁铁靠近杯底时，磁性液体受磁铁非均匀磁场的作用，金属球下部受到的磁性压力大，上部受到的磁性压力小，从而产生一个了额外的磁性浮力，当磁性浮力大于金属球的重力时，金属球就浮上来了。如果磁性液体中有各种各样的金属材料，那么，密度小的金属就会先浮起来，密度大的金属要后浮起来。科学家利用这个原理制作了一个筛选机来分离金属。

另外磁性液体在医疗上还有一个特殊用途，将药与磁性液体一同注入到人体血管内，在体外将磁性液体引导到患处，磁性液体会阻止血液的流动，医生可以在不使用止血钳的情况下给病人实施手术，为患者带来了福音。

磁性液体在阻尼器、轴承制造、水泵、开关等方面也同样有着广泛的应用。有的科学家说，磁性液体是当今世界上唯一可以应用的液态磁性物质，事实也正是这样。相信磁性液体的开发、应用会越来越广。

玻璃

玻璃，我们每个人都很熟悉。它是一种透明的、且强度及硬度都很高的材料。因其在化学上几乎完全呈惰性，也不会与生物起作用，因此用途十分广泛。玻璃具有容易破碎的缺点，不过这个缺点可以通过加入其他物料，或进行热处理改善。玻璃是一种非晶体，溶解后的玻璃迅速冷却，该分子因为没有足够时间形成晶体，因而形成了玻璃。

二氧化硅是普通玻璃的主要成分，也被称为石英。纯正的硅土溶点为2000℃，因此制造玻璃时通常会加入碳酸钠及碳酸钾两种材料。这样可以使硅土熔点降至1000℃左右。但是因为碳酸钠会令玻璃溶于水中，因此一般还需加入适量的石灰氧化钙，以达到使玻璃不溶于水的目的。

玻璃最大的特点就是对可见光透明。一般的玻璃因为制造时添加了碳酸钠，因此对波长短于400纳米的紫外线并不透明。若想使紫外线穿透，玻璃必须用纯正的二氧化硅制造。但是这种玻璃成本较高，对红外线也是透明的，可以制成数千米长，作通信用途的玻璃纤维。

我们常见的玻璃一般也会加入一些其他成分。比如看起来非常闪烁耀眼的水晶玻璃，就是在玻璃中加入了铅，使玻璃的折射指数增加，从而产生更为眩目的折射。还有派来克斯玻璃（Pyrex），则是加入了硼，改变了玻璃的热及电性质。加入钡也可以增加折射指数。被用来做成光学镜头的玻璃则是加入钍的氧化物，同样增加了折射指数。倘若加入铁，可使玻璃吸收红外线，放映机内就有这种隔热的玻璃。

玻璃的颜色也可以改变。例如少量锰可以改变玻璃内因铁而造成的淡绿色，多加一点锰则可以使玻璃变成淡紫色。硒也有类似的效果。少量钴可以使玻璃变成蓝色。锡的氧化物及砷氧化物可以使玻璃变成不透明的白色，这种玻璃好像是白色的陶瓷。铜的氧化物会使玻璃变成青绿色。加入金属铜则会使玻璃变成深红色或不透明。镍可使玻璃变成蓝色、深紫色甚至是黑色。钛则可以使玻璃变成棕黄色。加入微量的金（约0.001%）制成的玻璃是非常鲜明的，像是红宝石的颜色。加入铀（0.1%~2%）制成的玻璃是萤火黄或绿色。加入银的化合物制成的玻璃是橙色至黄色。如果改变玻璃的温度也可以改变这些化合物造成的颜色，但其中的化学反应十分复杂，至今仍未弄清。

玻璃的众多优点使它成为一种用途十分广泛的材料。许多家庭用品，如杯子、碗碟、瓶子都是用玻璃制成的。此外，灯泡、镜、计算机显示器、电视机、窗等等都离不开玻璃。用来做实验的大部分器皿也是玻璃制成的，而且大多数都是耐高温、膨胀较小的派来克斯玻璃。一些要求较高的地方，还会用到石英玻璃。质量好的手表表面就是用石英玻璃制成的。至于光学器材，更是离不开玻璃。

随着科学技术的不断发展和应用的大量需求，形形色色的新型玻璃不断涌现，并在不同领域中发挥着重要的作用，成为材料家族中一个"人丁"兴旺的大家族。

琉璃

　　琉璃实际上就是陶器表面的无机涂层——釉。它是一种色泽鲜亮的材料，而且也是一种历史悠久的材料。

　　据有关史书记载，在公元前 10 世纪的西周时代，我国的琉璃制作工艺就相当成熟了。从公元 5 世纪我国北魏时期开始，琉璃便大量应用在建筑上了。到了唐代盛行制作琉璃釉明器（即唐三彩殉葬器），这种琉璃明器成为 8 世纪的特种雕塑工艺。唐末五代至宋朝已出现整体建筑使用琉璃构件。如今河南开封还保留有一座宋朝时期建造的全部用黑色琉璃砖瓦砌成的琉璃塔，虽经历了 1000 多年的风吹雨打，但至今仍巍然耸立，气势宏伟。到过北京故宫的朋友都知道西苑太液池琼岛北岸的九龙壁便是用琉璃制成的，它附近的许多琉璃宫殿、牌坊以及宝塔等构成一座童话般的宫殿，令参观者叹为观止。

　　琉璃在我国建筑中无处不在。因为琉璃在色彩和光泽上能给古建筑增添色彩；而且具有保护底坯的作用。

　　向琉璃层中加入各种金属离子进行着色，可使琉璃呈现出黄、绿、碧、青、白或黑等许多颜色。琉璃构件历经千年风吹日晒仍然完整无缺，足以说明从西周开始，我国琉璃的配方设计及工艺就达到了较高水平。

琉璃中的精品——故宫九龙壁

形形色色的玻璃

玻璃，在我们生活的每个角落都有它的踪影。随处可见，一些高楼大厦的外表面就是用玻璃装饰而成的。居室的门窗上面安装有玻璃，镜子是用玻璃制成的，有些茶几也是用玻璃做成的，还有茶杯，各种造型的玻璃器皿，以及众多色彩艳丽、琳琅满目的玻璃工艺制品。玻璃将我们的世界装点的五彩缤纷。

有一些新型的玻璃可能是人们还不曾了解的。

调光玻璃

这种玻璃又被称为电致变色玻璃，是通过改变电流的大小来调节透光率，从而实现玻璃从透明转变为不透明。调光玻璃是将有弥散分布液晶的聚合物放入两片涂抹有透明导电膜的玻璃之间，经夹层而制得的。这两个导电膜就相当于两个平面电极。

调光玻璃的调光原理为：在断电不加电场的状态下，其内部液晶的排列顺序是杂乱无章的，液晶的折射率低于外面聚合物的折射率，入射光在聚合物上发生散射，呈乳白色，即不透明。当通电以后，有弥散分布液晶的聚合物内液滴重新排列，液晶开始定向有序的排列，使液晶的折射率等于聚合物的折射率，入射光全部可以通过，成为透明状态。调光玻璃主要应用于有保密或隐私的场所，由它制成的窗玻璃就像电磁控制的窗帘一样，在需要遮蔽时只需切断电源，便可使玻璃处于不透明状态，在需要采光或透视时只需合上电源，玻璃便恢复透明了。目前有一种汽车，装的就是调光玻璃。在停车不使用时，汽车玻璃是不透明的，即使窃贼打开车门也无法将汽车开走，因为窃贼看不到前方的路，此时这种调光玻璃能起到很好的防盗作用。

电致发光玻璃

这种玻璃是将发光材料涂抹在玻璃上制成的。当通电时，发光材料便会吸收电能，使内部原子由稳定状态跃迁到高能态。因为高能态是极不稳定的，所以原子会自发地返回稳定态。在这个过程中原子要向外辐射光子，这就是发光玻璃的发光原理。不同的发光材料，其原子向外辐射光子的波长不同，因此发出的光的颜色也会不同。

防弹玻璃

防弹玻璃是由透明胶合材料将多片玻璃或高强度有机板材粘接在一起制成的。一般分为三层结构。承力层：该层一般采用厚度大、强度高的玻璃，有能够破坏弹头或改变弹头形状的能力；过渡层：一般采用有机胶合材料，黏合力好、耐光性佳，可以吸收部分冲击能，从而改变子弹前进的方向；安全防护层：这一层采用高强度玻璃或高强透明度有机材料，有较好的弹性和韧性，能够吸收绝大部分的冲击能，并保证子弹不能穿过该层。

防弹玻璃的作用十分重要。能抵挡枪弹射击，最大限度地保护人身安全。广泛应用在银行、商业及安防等部门，航空、水上和地面军用装备设施也都有用到。还有一种玻璃地砖，也是防弹玻璃做的，十分结实，可以承受几百千克的重量。

电磁屏蔽玻璃

这种玻璃是在玻璃中敷设金属丝网或镀覆透明的电磁屏蔽膜而制成的。它既可防止室内信息泄露，又可防止室外电磁波干扰，从而起到屏蔽作用。

电子信息越来越发达，各种电磁信号充斥空间。我们常常会碰到电子设备由于外界信号干扰而造成故障或错误动作，甚至造成了干扰民航导航系统的重大事故。出于保护政治、军事、经济情报的需要，窃密与反窃密技术的发展，以及个人的信息不被窃取，因此电磁屏蔽玻璃受到了重视。

导电玻璃

这种玻璃是在玻璃表面镀覆一层导体或半导体膜层所制成的，这种具有导电能力的玻璃，主要用于电加热、太阳能电池板、防盗以及调光等。

形形色色的新型玻璃数不胜数。随着科学技术的高速发展，人类也会制造出越来越多的新型玻璃，并将其派上各种各样新的用场，将使我们的生活更加丰富多彩。

玻璃幕墙大厦

我们知道一些高楼大厦的外表面都镶有一层装饰物，形成亮丽的玻璃幕墙。玻璃幕墙建筑，在 20 世纪六七十年代就开始盛行，而如今的建筑采用的都是新型的玻璃幕墙。

之所以被称为幕墙，是因为它像幕布一样将建筑围起来。可用作幕墙的材料很多，如硬铝、不锈钢、陶瓷、塑料等，而最优越的材料要数玻璃。普通的白片玻璃或者砖墙，保温隔热性能较差，随着玻璃工业的不断发展，新的绝缘性能较好的玻璃和多种复合玻璃幕墙呈现在人们面前。

玻璃幕墙大厦为我们的城市增添了不少色彩。白天，墙面下半截能够清晰地映出周围建筑物和街道的景色，随着光线的移动，不断地变幻着景致。上半截却与天光云影连为一体，构成一幅巨大的、变幻莫测的画面。如果从室外看室内，什么也看不到；而从室内看室外，却清晰明亮。夜晚，这种景致便颠倒过来了。在明亮的室内，看不到玻璃幕墙外面的景色，给人一种安全感。而大厦的灯光却能透过幕墙。当人们从外向里看时，建筑物的构架与室内的景物都能看到，只是见人若隐若现，整个建筑变得晶莹透亮，充满了神秘的色彩。远远望去，宛如一颗镶嵌在城市中的夜明珠。

现代化城市中比比皆是的玻璃幕墙高楼建筑

还有一种特制的镜面玻璃，是在普通玻璃的基础上加入少量的铁、钴、镍、硒等金属的氧化物制成的。它能使玻璃呈现出各种不同的色彩，能滤过太阳光谱中的某些色光而吸热，避免强烈的太阳光及过度的紫外线辐射，能够很好地遮挡太阳辐射。玻璃表面经过热处理、真空沉淀或化学方法，镀覆了一层金属薄膜或金属氧化薄膜，使玻璃呈现出像镜子一样色调的银光。如果将两种材料糅合在一起，便可以生产出多种系列的双层隔热玻璃，它的热力性能和强度就更好了。

镜面玻璃在迎光的一面具有镜子的特性，可以照出人影、景物等，而在背光的一面则保持了玻璃的特性，可以使光线通过。正是这种双重性才使得它与众不同。

玻璃幕墙不仅外观美观，而且可以减轻建筑物自重，薄壁可以使墙体变小，建筑空间增大。如果采用预制装配的幕墙，还可以缩短建造工时。

1951 年，伦敦建造了一座国际博览会馆，占地 8 万平方米，表面全部用玻璃覆盖。这种玻璃形成了广阔透明的空间，美轮美奂，它吸引了整个伦敦，也受到了世界建筑界的关注。早在 20 世纪 20 年代，德国著名建筑师密斯便提出了窗墙合一的全玻璃幕墙的想法。但由于技术条件的不完善，直到 20 世纪 50 年代，第一座玻璃摩天楼——利华肥皂公司大厦才在纽约崛起。

目前，又推出了一种比一般幕墙更为保温、通风可呼吸的幕墙。北京长安街写字楼凯晨广场，便采用了这种双层呼吸式玻璃幕墙。整个玻璃幕墙分为三层构筑，最外层采用了夹层玻璃，厚度 10.76 毫米，平整度好，可减少变形，减少折射；内层则采用了一种被称为 LOW-E 的玻璃，隔热性能强，可反射外部热量，阻止热量进入；内外两层幕墙之间有一个宽 180 毫米的空间，室外空气通过位于外幕墙玻璃窗上部和下部的开缝形成外循环。同时还在两层幕墙之间设有 80 毫米宽的带穿孔的铝合金百叶遮阳，先进自控系统连接着电脑总控中心，可以根据季节及气候条件自动改变遮阳角度，既保证采光，又防止日晒。相信在不久的将来，会有更多新型的玻璃幕墙呈现出来。

具有特异功能的玻璃

随着科学的不断进步，越来越多具有特异功能的玻璃脱颖而出。

可溶性玻璃

它是用铂坩埚把三氧化二磷、氧化钙和氧化钠加热到110012℃而制成的。它不含氧化硅，并且有一个特殊的性质，其化学成分可以根据用途的需求，适当地改变配方，从而达到以任何预定速度都可以溶解于水、土壤或人体组织。当它溶解时，会以同样的速度释放出与它混合在一起的化合物。

不碎玻璃

日本的无机物研究所研制出一种含氮量达18.2%的不碎玻璃。通过硬度实验，得出这种玻璃每平方毫米能承受约11976牛顿的力，而且可以承受住900℃以上的温度，化学抵抗性能比制造试管的特殊玻璃要高出3倍。这种高强度的玻璃被用来制造飞机舷窗、轴承滚珠、高压容器、手表表面等。

受到外力敲打撞击后仍然保持完整的不碎玻璃

会变魔术的玻璃

随着科学技术的发展，要求感光材料既有高分辨率，又能实时显示（即不需要显影与定影马上就能观察）。对此，以往的银盐胶片显然力不从心。近几年，人们潜心研究，发现硫砷玻璃薄膜具有这种作用，并且可以在一粒芝麻大小的面积上清晰地记录一页书上的文字。硫砷玻璃是在普通玻璃的基础上用真空镀膜的方法，镀上一薄层硫砷玻璃膜。硫砷玻璃为实现汉字印刷技术展现了美好的前景。

单面透视玻璃

这种玻璃是在普通玻璃的基础上用真空涂抹法加上一层金属铬、铝或铱的薄膜制成的，可将投射来的光线大部分反射回去，安装在汽车上，可使坐在汽车里的人清晰地看到外面，但车外的人却看不到车内的一切。

控制雨刷玻璃

这是一种可自动控制雨刷的玻璃，因为这种璃璃具有雨点传感效应，该传感器可测出雨点，然后打开风挡玻璃上的雨刷，并根据雨量的大小，随时改变雨刷的速度。其原理是：它向风挡玻璃发出一束红外光，温度就能影响玻璃反射这道光束的能力，这一信息被安装在驾驶员视镜后面的一个控制器接收到，从而控制雨刷速度。

憎水玻璃

这种玻璃是在普通玻璃上涂一层含硅的有机化合物薄膜，它不沾雨水，雨水落在上面会形成圆珠自动滚落下去。因此，汽车前风挡玻璃如果采用这种玻璃，便可省去刮水器。

控制阳光的玻璃

这种玻璃可使汽车在所有车窗关闭以及阳光暴晒情况下，保持车内凉爽，因为它能抵挡多达84%的太阳能。

导电玻璃

在普通玻璃表面涂上一层氧化钛、氧化锂之类的薄膜便可制成。这种玻璃通以微量电流，便会发生热量，从而使附在车窗上的霜冰立即融化，以致不影响车内人员的视线。因它只需要很小的电流，所以不会伤到人。

越来越多的具有"特异功能"的玻璃丰富着人们的生活。

金属玻璃

　　玻璃的形成是由液体冷却转变为固体而没有结晶的一个过程。但大部分的金属冷却时都会结晶，把它们的原子排列成有规则的图案，叫作格构。但如果没有结晶出现，原子就会随机排列，从而成为金属玻璃。

　　怎样才能制造金属玻璃呢？金属（或合金）在高温下熔融后，如果慢慢冷却就恢复为晶态。如果将一些金属（或合金）熔融后通过一个喷嘴，喷到高速旋转的光滑钢质辊面上，急剧冷却，就可能会变成金属玻璃。但是，金属单质极难生成类似玻璃的结构，它们在温度稍低时即转化为晶态，已制得的在室温下稳定存在的金属玻璃都是两三种或更多种元素的合金。

　　同样普通玻璃的原子也随机排列，但它并不是金属。金属玻璃不透明，它拥有独特的机械和磁性特质，不易破碎也不易变形。它在制造变压器、高尔夫球棒和其他产品上，得到了充分的利用。

　　金属和玻璃的最大的差别是金属在从液态冷却凝固的过程中有确定的凝固点，原子按一定的规律排列，形成晶体；而玻璃从液态到固态是连续变化的，没有明确的分界线，也就是说没有固定凝固点。因而，金属是一种典型的晶体材料，它的许多特性是由其内部晶体结构决定的；而玻璃却是一种非晶体材料，固态玻璃和液态玻璃内部原子呈无序紊乱排列。

　　金属玻璃一般强度、硬度、电阻率都很高，具有高饱和磁感应、低铁损等优点，同时还具有较高的耐磨性和耐腐蚀的特点。如果用金属玻璃来制造收录机的磁头，那么可以避免磁头尖部脱落，从而降低磁头与磁带摩擦发出的噪声，这给我们带来优美、清晰的音质和理想的音响效果。如果用金属玻璃来代替变压器中的硅钢片，可使变压器的空载损耗减小 2/3。照此推算，如果全国都采用金属玻璃铁芯，每年可节电 100 亿千瓦时，合 50 亿元人民币。这些令人振奋的成果只不过是金属玻璃独特性能在某些方面的应用。另外，它的耐磨蚀性、高强度、高韧性还创造了许多其他令人叹为观止的奇迹。可以想象，金属玻璃材料和复合材料大规模生产的日子已为期不远了。

我们把金属玻璃又称为非晶态合金，它拥有了金属和玻璃的优点，又克服了它们的弊端。金属玻璃延展性高于钢，硬度超过高硬工具钢，且具有一定的韧性和刚性。所以，人们把金属玻璃称之为"敲不碎、砸不烂"的"玻璃之王"。

　　金属玻璃的制造关键在于保持极高的冷却速度，必须在千分之一秒的时间内，把熔化的金属材料冷却为固体，这样的冷却速度等于在1秒钟内把温度突然降低100万℃。由于冷却的速度快，熔化的合金液体还没来得及调整为晶体结构，突然被凝固成毫无秩序的固态。几乎所有的金属都可以通过这个方法成为金属玻璃。人们最初使用的是一种金硅合金。现在铁是主要材料，因为它不但便宜，而且电磁性能也比较好。1974年美国首先制成的商品材料"金属玻璃"和1975年日本制成的商品材料"非晶态金属"都是铁基合金。

　　从金属到玻璃的跨越告诉我们这样一个启示：万物都没有绝对的分界线，如果跨越分界线去看事物，你也许能得到意料不到的收获。

安全玻璃

在日常生活中，玻璃伤人的事可谓屡见不鲜，尤其是在大风天气建筑施工中玻璃伤人的事，更是时有发生。

我们都知道，玻璃虽然很硬但也较脆，在外力强大作用下就会碎裂，产生的锋利碎片就会伤到人。而如今出现的安全玻璃就不会发生此种现象。那么这种玻璃怎么会起到安全的作用呢？让我们一起了解一下。

安全玻璃是指符合国家标准的夹层、钢化玻璃，以及加工制成的中空玻璃，其中尤以夹层玻璃和用夹层玻璃制成的中空玻璃的综合性能为最佳。

一般民用钢化玻璃是将普通玻璃通过热处理加工，使其强度提高 3~5 倍，它可承受一定的外来撞击或温差变化而不破碎，即使破碎，也是整块玻璃碎成类似蜂窝状钝角小颗粒，不易伤人，从而就具有一定的安全性。钢化玻璃不能切割，需要在钢化前切好尺寸，且有"自爆"特性。根据用途不同，钢化玻璃又可分为全钢化玻璃、半钢化玻璃、区域钢化玻璃、平钢化玻璃、弯钢化玻璃等多种多样的类型。

夹层玻璃共有 3 层，在两片普通玻璃片中间夹着一层韧性强并有黏合作用的膜，被撞击破坏时，内层和外层仍黏附在中间层上，玻璃破碎后就不会产生锋利的碎片伤人。汽车用的夹层玻璃，中间层加厚一倍，由于有较好的安全性而被广泛采用。同时，夹层玻璃的中间膜所具备的隔音、控制阳光的性能又使之成为具有节能、环保等功能的新型建材。使用夹层玻璃不仅可以隔绝能穿透普通玻璃的 1000~2000 赫兹的吻合噪声，而且还可阻挡 99% 以上的紫外线，还能吸收红外光谱中的热量。作为符合新型建材性能的夹层玻璃势必将在安全玻璃的使用中发挥巨大的作用。

还有一种安全玻璃是在玻璃中夹有不锈钢丝，这种夹丝玻璃破碎以后，由于不锈钢丝的粘连，就不会有大块碎片掉下来从而伤人。

相信在不久的将来，还将出现形形色色的安全玻璃，这种新型材料也将给人类带来更多的方便。

塑料中的水晶——有机玻璃

在装潢新房的时候，人们会被各种各样的厨房、橱柜中的一种俗称"水晶板"的面板材料所吸引。在众多材料中它尤为显眼，不仅具有美丽的外观，而且表面闪耀着水晶般的晶莹光泽。在海洋世界游玩的时候，人们隔着高强度的透明"玻璃"可以看到鱼儿在水中游来游去，水草在其中悠悠漂浮。人们在休闲时间，享受着 LD、CD、VCD、DVD、蓝光 DVD 等产品带给我们的快乐，各种"光盘"既可播放图像与声音，也可保存档案与数据。

无论是"水晶板""玻璃"，还是"光盘"，其实都是有机玻璃，化学名称叫聚甲基丙烯酸甲酯，英文缩写 PMMA，是由甲基丙烯酸甲酯聚合而成的一种高分子材料，具有高透明度，低价格，易于机械加工等优点，它是 1927 年德国罗姆——哈斯公司的化学家制得的。

有机玻璃是目前最优良的高分子透明材料，透光率高达 92%，比玻璃的透光度高许多，而密度只有每立方厘米 1.18 克，仅为硅玻璃的 1/2。相对分子质量大约为 200 万，是长链的高分子化合物，而且形成分子的链很柔软，因此，它具有的强度比较高，抗拉伸和抗冲击的能力比普通玻璃高 7~18 倍。另外，有机玻璃还具有良好的光导性、电绝缘性、耐磨性等多种性能。

有机玻璃具有良好的机械加工性能和热塑加工性能。不但能用车床进行切削，钻床进行钻孔，而且能用丙酮、氯仿等粘结成各种形状的器具，也能用吹塑、注射、挤出等塑料成型的方法加工成大到飞机座舱盖，小到假牙和牙托等各种各样的产品。同时还具有良好的适印性和喷涂性，采用适当的印刷和喷涂工艺，可以赋予有机玻璃制品理想的表面装饰效果。有机玻璃可以在浇铸成型的过程中用染料着色，具有很好的展色效果；易于溶剂黏合，为成品加工提供了方便性与可操作性；之间用甲基丙烯酸甲酯单体和固化剂进行拼接，可以用来制造出超常规的特厚、特大的板材。

有机玻璃具有以上优良性能，使它的用途极为广泛。除常见的用于玻璃橱窗、隔音门窗、高速道路隔音墙、密封操作箱、手术医疗器材等以外，还可以应用于飞机舱盖、太阳能采集器、潜望镜、光学透镜等重要技术领域。

有机玻璃在医学上的一个绝妙用处就是制造人工角膜。如果人眼的透明角膜长满了不透明的物质，光线就不能进入眼内。这就是全角膜白斑病引起的失明，而且这种病无法用药物治疗。

人工角膜，实际上是用一种透明的物质做成一个直径仅有几毫米的镜柱，然后在人眼的角膜上钻一个小孔，把镜柱固定在角膜上，光线通过镜柱进入眼内，这样人眼就能重见光明。于是，医学家就产生了用人工角膜代替长满白斑的角膜的想法。

眼科医生用光学玻璃做成镜柱，植入角膜，早在1771年就开始了，但并未获得成功。后来，用水晶代替光学玻璃，也只用了半年就失效了。第二次世界大战期间，飞机的坐舱盖是用有机玻璃做的，当被炸时，飞行员的眼睛不小心就会嵌入有机玻璃碎片。虽然这些碎片并未被取出，但历经许多年之后，也并未进一步引起人眼发生炎症或其他不良反应。这件偶然之中发生的事说明有机玻璃和人体组织有很良好的相容性。同时也启发了眼科医生，可以用有机玻璃制造人工角膜，它的透光性好，化学性质稳定，对人体无毒，容易加工成所需形状，与人眼长期相容。现在，用有机玻璃做的人工角膜已普遍用于临床。

近几年，随着国内经济的稳步、快速地发展，我国有机玻璃产业发展较快，市政建设中所用材料有相当一部分为特大、特厚、异形有机玻璃。目前，有机玻璃已广泛应用于体育馆、宾馆、酒店、机场候机楼、候车厅等地方。我国有机玻璃产品结构不合理，大部分为普通品种，缺乏高抗冲击产品、耐高温产品、防射线产品。一句话，缺少高附加值的高档品种和特种品种。

总体上，有机玻璃作为塑料中的"水晶"，必将在人们生活中发挥越来越重要的作用，我国有机玻璃生产应向规模化、专业化、高档化发展，以满足国内日益增长的消费需求。

玻璃钢

　　玻璃钢是一种新型材料，又被称为玻璃增强塑料，是玻璃与塑料混合而成的。将玻璃熔化，拉成细丝，织成布，然后将一层层的布重叠在一起，放入热熔的塑料中进行加热处理，就制成了玻璃、塑料合二为一的玻璃钢。

　　玻璃钢不同于金属，它不善于导电，是一种优良的绝缘和绝热材料，而且隔音隔热，也不会影响无线电波的传输。因此玻璃钢被广泛应用在飞机、火箭、卫星、导弹、原子能等方面。用它作为喷气式飞机上的油箱和管道，可为飞机减轻负重。在宇宙航行中，玻璃钢又被用作耐瞬时超高温的材料。宇航员登上月球时身背的微型氧气瓶，便是用它制成的。同时玻璃钢又是非磁性的材料，不反射无线电波，微波透过性又好。于是人们利用它的这些特点制成了各种电机、电器、机械的部件，以及微波天线和雷达罩，而且在加工上比金属材料方便多了。还用它制成了鱼雷快艇，可以避开磁性水雷、磁性鱼雷的袭击。总之，玻璃钢的用途十分广泛。

　　玻璃钢还具有不易受潮，不锈不烂，能够抵抗化学药品及油类的腐蚀等特点。基于这些特点不仅可以制成各种小型汽艇、游艇和救生艇，还可以制成船舰和潜水艇。这种材料结构坚固，而且防霉防蛀，不受海水和海洋生物的腐蚀。玻璃钢是潜水艇艇体首选的材料，因为它的潜水深度要比钢制艇体潜水深度至少可增加 80%。用它制成的深水调查船能承受 9000 米深度的水下压力，如果船身遭受破损，只需在洞口周围涂上胶黏剂，再贴上玻璃钢布，便可修复。

　　玻璃钢在石油化工方面也大有作为。由于玻璃钢耐腐蚀，因此用它代替不锈钢、铅、铜等金属制造石油化工用的各种管道、阀门、泵、贮罐、塔器、设备衬里等，能大大延长设备的使用寿命，同时也节约了资金。

　　由于玻璃钢非常坚硬，因此用它制作汽车车身、拖拉机外壳以及火车车厢，既漂亮又轻巧。一块厚约 1 厘米的玻璃钢板，即使一颗子弹正面打在板上，也不能将它打穿，其硬度可想而知。

　　玻璃钢在农业上也大显身手，新颖的玻璃钢犁，犁起地来既轻快，又不易粘土，还十分省力，为农民们解决了一大难题。

玻璃钢还是一种盖房子的新型材料。用它建成的三层楼房，总重量不超过15吨，而相似的砖瓦结构三层楼房，重量要达80吨。而且玻璃钢房屋既隔音又隔热，不论春夏秋冬，住在里面都很适宜。经特殊处理的玻璃钢房屋，从室内向外看清晰透明，从室外向内看，却什么也看不到。

玻璃钢还为体育事业作出了巨大贡献。以前，撑杆跳高运动员最早用的撑杆是木质的，只创下了3米多的纪录。后来改用竹竿，纪录升到了5米。但由于5米以上的竹竿显得很粗，因此，人们又用铝合金杆来代替了竹竿。可是新的问题又出现了，它太重了，而且弹性不足，成绩无法提高。自从新的玻璃钢撑杆问世以来，它既轻又富有弹性的优点，使撑杆跳高的纪录一次又一次被刷新。

众多优点集于一身的玻璃钢越来越受到人们的青睐，相信它会有一个十分美好的前景！

采用玻璃钢制造的工业用冷却塔

玻璃陶瓷发明记

玻璃陶瓷的发明，标志着玻璃工业的一个新开端。由于它兼有玻璃和陶瓷的共同优点，许多尖端工业都离不了玻璃陶瓷。

那么如何将玻璃和陶瓷两种物质混合在一块呢？

美国的康宁玻璃公司是以生产各种特色玻璃而著称的。有一位名叫斯都契的工程师，他勤奋好学，对各式各样的玻璃情有独钟，广为研究。一日，他在研制一种对光有特殊敏感的玻璃时，把多种配料放在坩锅中加热。工作直到深夜，由于劳累过度，不知不觉中伏案睡着了。次日晨曦初露时，才猛然醒来，突然想到昨晚坩锅加热过久，急忙把坩锅加热的火熄掉，等它冷却下来，好容易才将坩锅中东西倒了出来。结果却发现，原来制造的玻璃，已变成毫不透明的像陶瓷那样的东西，这一定要报废了，一气之下把它猛摔在地上，但出乎意料的是，这块不透明陶瓷般的东西，竟安然无恙，毫无破碎，这给有经验的斯都契一个启发——他马上意识到自己已发明出一种和玻璃有关，异常坚固的新材料。

后来，斯都契跟同事，又进行了一番深入的研究，果然制造出一种物质，这种物质不仅打不碎、耐热、抗震、而且多孔像陶瓷，那些微孔占总体积的30%，每个微孔直径只有 0.02 微米，恰好可通过 4000 个原子。于是，斯都契把这种兼有玻璃和陶瓷共同性质的新产品，命名为"玻璃陶瓷"。

这种玻璃陶瓷发明以后，广泛应用于各个领域。化学工业方面，如果将玻璃陶瓷置之于某种化学物质蒸气中，或沉浸在某一种溶剂中，便可顺利地把某物质或溶剂引进玻璃陶瓷的微孔。它的微孔是有可见光波的，所以，它对可见光不散射，如将它加热到 1200℃，热胀后，微孔可以消失，成为致密玻璃，这样，玻璃陶瓷上可留下永久图像。这在特殊摄影工作中，有独特用处，也可以把人的照相仿真记录到玻璃陶瓷上，那些名贵字画，可原封不动地照样保留下来，这在工艺品制作方面也是大有成就的。

玻璃陶瓷在宇航工业上也有重要作用，如制作宇宙飞船的前锥体和航天飞机上用的绝热片。它还兼有微孔玻璃的特点。

　　在我国建材科研部门也利用玻璃陶瓷研制成功了一种玻璃陶瓷板材。这种板材是将回收的各种有色或无色透明的平板、瓶罐废玻璃与废陶瓷筛选后加工而成，集实用性、经济性和装饰性于一体，给人以古朴、典雅和美观的感觉，可以广泛应用于墙面、柱面、桌面和风景壁画、人物肖像、广告牌等方面。

　　玻璃陶瓷板材还有一些特性。如表面硬度、抗折强度和耐磨性能均与天然花岗石接近，粘结强度高，可以代替天然花岗石板材，作为内外墙或地面的装饰材料之一。这种玻璃陶瓷制品越来越接近我们的生活了。

人造钻石

  钻石恒久远，一颗永流传。璀璨夺目的钻石是女士们梦寐以求的装饰品，但其昂贵的价格却令大多数人望而却步。人造钻石的出现使我们梦想成真。因为它的价格只及天然钻石的三分之一。这些人造钻石不仅可以改变钻石市场，而且还点缀了我们的生活，还可用作激光和芯片，制造出超强的激光和更加理想的电子产品。

  科学家们到底用什么法宝来造出几乎与天然钻石没什么差异的人造钻石呢？目前，在实验室有两种制造人造钻石的途径。

  一种是化学气体相沉积法（英文简称叫作 CVD），由位于波士顿的阿波罗钻石公司研制。这种方法较灵巧，是利用一种高压器来制造钻石。在一个如洗

谁能想到这色彩绚丽夺目的钻石是人造的呢

碗机大小的高压器里，利用化学气体相沉积的方法来加热天然气和氢气，随后便会产生一种碳化电浆，这些电浆会像雨点一样撒落在高压器底部的碳化基片层上。这些电浆会越积越多，然后慢慢变硬，这样就形成像钻石一样的晶体，纯净清亮、晶莹剔透。

还有一种制造方法是由位于佛罗里达州的盖迈希公司研制的"残酷"办法。这种方法中，高温和高压就是制造技术的关键。在一个陶制的容器里，液压机提供高压达58000个大气压，而电则用来产生热量，温度可达2300华氏度，如同提供了一个仿真天然钻石在地壳中形成的环境。科学家在这种高压和高温的状态下，把碳晶体原料变成黄钻石。

尽管生产人造钻石的仪器非常昂贵，但这要比起开采一个钻石矿还是要合算得多。如今，盖迈希公司正在销售由它生产的有色人造钻石，包括极其罕见的黄钻石和蓝钻石。

这些人造钻石通过生产工艺，其纯度越来越高，用途也越来越广，将被各个领域应用到。例如，CVD钻石将可用于全息存储，届时将给我们带来能贮存1万部电影的便携式播放器。若给汽车涂上一层这样的钻石级材料，则永远不用担心车会被刮伤或褪色。另外，钻石锯可以切割花岗石……

如今，钻石的技术时代已经来临。该公司技术人员还表示："魔鬼从瓶子里出来了，就永远不会再回到瓶子里去了"，人造钻石将会慢慢蚕食天然钻石的广阔市场，让更多爱美的人买得起钻石。

生物陶瓷

现代科学技术的发展，赋予了陶瓷新的"生命"，它不仅仅作为传统的生活用品，而且在工业、航空、医学等领域都大显身手。生物陶瓷是用来达到特定的生物或生理功能的新型陶瓷。根据使用情况，生物陶瓷可分为与生物体相关的植入陶瓷和与生物化学相关的生物工艺学陶瓷。前者是直接与生物体接触使用的生物陶瓷，可以植入体内以恢复和增强生物体的机能。后者是使用时不直接与生物体接触的生物陶瓷，可以用于固定酶、分离细菌和病毒以及作为生物化学反应的催化剂。

目前世界各国和地区都相继发展了生物陶瓷材料，这种材料在临床上得到了广泛的应用，它排除了以往材料所出现的相溶性差，对肌体免疫的排异反应；血液相溶性差，溶血、凝血反应；引起代谢作用异常现象；对人体有毒，会致癌等不良现象。但是这类人工器官一旦植入体内，就要经受体内复杂的生理环境的长期考验。生物陶瓷是惰性材料，耐腐蚀，更适合植入体内。

从外观和形状上看，生物陶瓷可以是粉末、涂层和块体。从物相上看生物陶瓷又可以是单晶、多晶、玻璃或复合材料，它们在医学临床修复人体器官时所发挥的功能也不尽相同。

生物陶瓷作为生物硬组织代用材料可分为生物惰性陶瓷材料、生物活性陶瓷材料两大类。

生物惰性陶瓷材料主要有氧化铝陶瓷、单晶陶瓷、氧化锆陶瓷、玻璃陶瓷等。它是指化学性能稳定，生物相溶性好的陶瓷材料。这类材料的结构都比较稳定，分子中的键力较强，而且都具有较高的机械强度、耐磨性以及化学稳定性。

生物活性陶瓷有生物活性玻璃（磷酸钙系），羟基磷灰和陶瓷，磷酸三钙陶瓷等几种。它包括表面生物活性陶瓷和生物吸收性陶瓷，又叫生物降解陶瓷。生物表面活性陶瓷通常含有羟基，还可做成多孔性、生物组织可长入并同其表面发生牢固的键合；生物吸收性陶瓷的特点是能部分吸收或者全部吸收在生物体内，能诱发新生骨的生长。

　　此外，单晶生物陶瓷是一种新型的生物陶瓷材料，属氧化铝单晶。氧化铝单晶也称宝石，添加剂不同，制得单晶材料颜色不同，如红宝石、蓝宝石等。氧化铝单晶的机械强度、硬度、耐腐蚀性都优于多晶氧化铝陶瓷，其生物相溶性、安定性、耐磨性也优于多晶氧化铝陶瓷。

　　氧化铝陶瓷不仅可以做成假牙，而且还可以做成人工关节，如膝关节、肘关节、肩关节、指关节、髋关节等；氧化锆陶瓷的强度、断裂韧性和耐磨性都优于氧化铝陶瓷，也可用以制造牙根、骨和股关节等；羟基磷灰石是骨组织的主要成分，人工合成的骨与生物的相溶性非常好，可用于颌骨、耳听骨修复和人工牙种植等。目前发现用熔融法制得的生物玻璃，具有与骨骼键合的能力。

　　单晶氧化铝具有较高的机械强度，不易折断，所以还可以用它作为损伤骨的固定材料，主要用于制作人工骨螺钉，比用金属材料制成的人工骨螺钉强度高。可以加工成各种齿用的尺寸小、强度大的牙根，由于氧化铝单晶与人体蛋白质有良好的亲合性，结合力强，因此有利于牙龈黏膜与异齿材料的附着。单晶氧化铝制成的人工关节，在临床使用上具有良好的效果。

　　生物陶瓷在临床上应用十分广泛，但是陶瓷材料最大的弱点是性脆，韧性不足，严重影响了它作为人工人体器官的推广应用。陶瓷材料要在生物工程中占有地位，需要增强其中的韧性。那样生物陶瓷才具有更强的优势和更广阔的发展空间。

透明陶瓷

　　透明陶瓷与一般陶瓷不同，它是一种光学陶瓷，像玻璃一样透明。如果选用高纯陶瓷原料，并通过工艺手段排除气孔就可能获得透明陶瓷。早期就是采用这样的办法得到透明的氧化铝陶瓷，后来陆续研究出如烧结白刚玉、氧化镁、氧化铍、氧化钇、氧化钇－二氧化锆等多种氧化物系列透明陶瓷。近些年来，又研制出如砷化镓、硫化锌、硒化锌、氟化镁、氟化钙等非氧化物透明陶瓷。

　　透明陶瓷具有优异的光学性能，且耐高温，一般它们的熔点都在2000℃以上。利用这一特性透明陶瓷可用于制造高压钠灯，稳定工作时温度可高达1200℃，它的发光效率比高压汞灯提高一倍，使用寿命达2万小时，是使用寿命最长的高效电光源。

　　透明陶瓷的透明度、硬度、强度都高于普通玻璃，它们耐磨损、耐划伤，因此可以用来制作高级防护眼镜、防弹汽车的窗体和坦克的观察窗等。

　　在机械工业领域，可以用透明陶瓷来制造车床上的高速切削刀、汽轮机叶片、水泵、喷气发动机的零件等，在化学工业领域，透明陶瓷可以用作高温耐腐蚀材料以代替不锈钢等，在国防军事领域，透明陶瓷又是一种很好的透明防弹材料，还可以做成导弹等飞行器头部的雷达天线

透明陶瓷制作的各种型号光学棱镜、透镜

罩和红外线整流罩等。另外在仪表工业上透明陶瓷可用作高硬度材料以代替宝石，在电子工业上可以用来制造印刷线路的基板和镂板，在日用生活中可以用来制作各种器皿、瓶罐、餐具等。

透明陶瓷材料除了具有一般铁电陶瓷所有的基本特性以外，还具有优异的电光效应。通过组分的控制可呈现电控双折射效应、电控光散射效应、电控表面畸变效应、电致伸缩效应、热释电效应、光致伏特效应以及光致伸缩效应等。因此，透明陶瓷在光学上可用作光学棱镜、透镜、高温观察窗、红外线窗口、耐高温（1200℃）瓷光管以及长寿命高温激光材料等。

它还可以被制成各种用途的电 - 光、电 - 机军民两用器件；光通信用的光开关、光衰减器、光隔离器、光学存储、显示器、实时显示组页器、光纤对接、光纤熔接以及光衰减器等方面应用的微位移驱动器；光强传感器、光驱动器等众多很有发展前途的技术器件。

透明陶瓷几乎在许多现代科学技术领域和日常生活中都有用武之地，其品种多，性能高，用途广泛。透明陶瓷将在陶瓷工业中会发挥越来越重要的作用。

神奇的压电陶瓷

我国的压电打火机产量已超过日本，位居世界前列。

压电陶瓷是一种多晶体，它能够将机械能和电能互相转换。所谓压电效应是指某些介质在受到机械压力时，即使这种压力像声波振动那样微小，也会产生压缩或伸长等形状变化，引起介质表面带电，这是正压电效应。这种能在压力作用下产生电荷的陶瓷，称为压电陶瓷。压力产生电荷的效应，称正压电效应。反之，施加电讯号，陶瓷中也会产生机械振动，称之为逆压电效应。因此压电陶瓷可做成换能器，通过它既可以把机械能转变成电能，也可把电能转变成机械能。这是由于当无外力作用时，材料内的正负电荷中心是重合的，正负电荷抵消，故材料整体不显带电。但当施加压力时，材料会发生形变，使正负电荷中心不重叠，从而引起材料表面带电：一面带正电，另一面带负电。

利用神奇的压电效应，可以在很多方面开发应用。例如压电打火机中用到两粒柱状压电陶瓷，当人们使用打火机时，弹簧力施加到压电陶瓷上，就产生电荷，形成高电压。这种瞬间高压，通过电路中的间隙时，就会出现高压放电而产生电火花，然后点燃气瓶中的易燃气体（丁烷）。这种压力所产生的电压非常高。

作战用的反坦克火箭中，希望弹头一碰到坦克钢板就立刻爆炸，而不应该落地后再爆炸。利用压电引信可瞬间爆炸。在珍宝岛战役中，40型火箭筒中就应用了压电激发装置及压电引信，40型火箭筒曾大批生产，为保卫边疆立下了汗马功劳。

压电陶瓷大功率超声换能元器件

在潜入深海的潜艇上，都装有压电陶瓷做的声呐系统。它是水下导航、通信、侦察敌舰、清扫敌布水雷不可缺少的设备，也是开发海洋资源的有力工具，

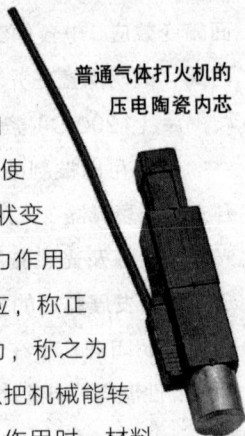

它可以探测鱼群、勘查海底地形地貌等。在这种声呐系统中，有一双明亮的"眼睛"——压电陶瓷水声换能器。当水声换能器发射出的声信号碰到一个目标后就会产生反射信号，这个反射信号被另一个接收型水声换能器所接收，于是，就发现了目标。

压电陶瓷制作的压电陀螺，是在太空中飞行的航天器、人造卫星的"舵"。依靠"舵"，航天器和人造卫星才能保证其既定的方位和航线。传统的机械陀螺，寿命短，精度差，灵敏度也低，不能很好满足航天器和卫星系统的要求。而小巧玲珑的压电陀螺灵敏度高，可靠性好。

医生将压电陶瓷探头放在人体的检查部位，通电后发出超声波，传到人体或碰到人体的组织后产生回波，然后把这回波接收下来，显示在荧光屏上，医生便能了解人体内部状况。

地质探测仪里有压电陶瓷元件，用它可以判断地层的地质状况，查明地下矿藏。还有电视机里的变压器——压电陶瓷变压器，它体积小、重量轻，效率可达 60%~80%，能耐住 3 万伏的高压，使电压保持稳定，完全消除了电视图像模糊变形的缺陷。现在国外生产的电视机大都采用了压电陶瓷变压器。

磁超声传感器

在日常生活中，压电陶瓷还可做成话筒，在人讲话的声压作用下，陶瓷内会产生与人声音相对应的电信号而传输出去。压电元件配上电路，可成为蜂鸣器或电子乐器，发出优美动听的声音。

蜂鸣器应用面非常广，如电子门铃、新年音乐贺卡等，它可以发送音乐及某些设备（电脑、洗衣机、电话）中的声音信号。蜂鸣器也能用在消防车、救护车或金库、机密室里。它同电子鼻（检测瓦斯浓度）组成瓦斯报警器，放在煤矿工人的口袋里，当矿井里瓦斯过量时，灵敏的电子鼻，立即发出信号，蜂鸣器就发出

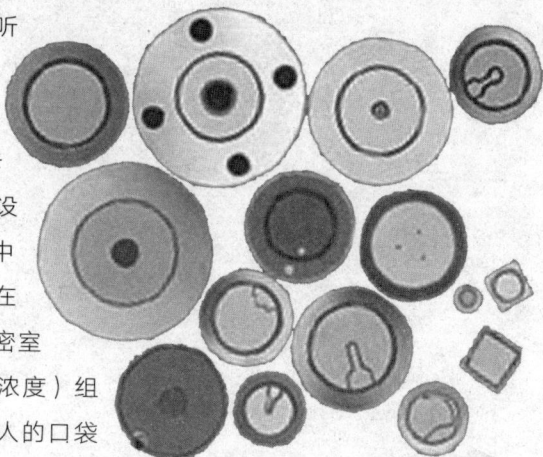

形态各异的压电陶瓷蜂鸣器，在有音乐的贺年卡片里"唱歌"的就是它

尖锐的叫声来。最近发明的声音合成器件，工作电压很低，功耗低，对磁卡无影响，音质优良。可用于对讲机、电子翻译机、立体声系统及手提音频装置。压电陶瓷元件还可以植入人耳，聋人便能听到声音。

压电陶瓷驱动器在电场作用下，可产生机械伸缩，只要通过机械转换，就能使这种伸缩转换成转动或直线移动，也叫压电马达。与普通马达相比，压电马达响应快、转矩大、低噪声、易和电脑接口配接实现智能化，利用电池电压就可运作。因此发展了许多应用：照相机自动调节焦距，军用望远镜调焦，高速磁悬浮列车，微型医疗设备（如三维手术刀，它可使创口大大减小），汽车自动控制，导弹自动瞄准，导弹飞行时偏角的控制等。美国军方花费了巨大力量研制所谓灵巧子弹，已达到百发百中，利用的也是这种原理。另外压电驱动器已运用到登陆火星的机器人的手关节上了。

压电滤波器是利用压电陶瓷的谐振效应，多用于通信电路中。它只允许一定频段的电波通过，而其余频段的电波则不能通过或完全被吸收。压电滤波器已成为现代通信电路中不可缺少的重要元件之一。

随着高新技术的发展，压电陶瓷的应用必将越来越广阔。除了用于高科技领域，它更多的是出现在我们的日常生活中，使我们的生活变得更加方便。

反磨损"卫士"——高温耐磨陶瓷涂层

　　摩擦与磨损在为人类服务的同时，也给人类社会带来了非常惊人的损失。据统计数据显示，世界上工业部门消耗于各种形式的磨损占生产能源的 1/3 至 1/2；汽车领域中各种摩擦消耗的功率约为其有效功率的 20%~50%；有些纺织机械中因摩擦损失的平均能耗占其能耗的 85% 左右。1981 年，美国公布每年高达 1000 亿美元的磨损损失，其中约 200 亿美元为材料消耗，相当于 7% 的材料年产量；1974 年，当时的联邦德国钢铁工业以 30 亿马克为维修费，其中47% 是直接磨损损失，停机修理所造成的损失与磨损直接造成的损失竟然相当；前苏联每年约以 120 亿 ~140 亿卢布为磨损损失；而我国虽然对于摩擦磨损所造成的损失尚缺乏全面的统计数字，但据建材、电力、煤炭、冶金矿山和农机等 5 个工业部门的不完全统计，每年仅为备件消耗的钢材就有 150 万吨以上；而机械工业部在 1974~1975 年之间，高达 23 万吨的汽车备件消耗中 2/3 用于维修，而大部分是由于磨损所致。

　　由此可见，摩擦磨损给人类社会带来了多么大的损失。摩擦与磨损不仅消耗大量能源与材料，而且由于磨损使产品质量降低，由于更换磨损零部件延误的时间，以及由于磨损造成的设备及人身事故等严重地影响了工业技术向现代化、自动化发展。因此对摩擦与磨损的研究，尤其是在工业发达国家，越来越引起了人们的高度重视。

　　减少摩擦、降低磨损的有效而又经济的手段是在摩擦接触表面上添加一定的润滑剂。随着理论研究的逐步深入，一些先进的表面工程技术也先后问世。利用表面涂层技术，在摩擦部件的表面制得高温耐磨陶瓷涂层，对于摩擦与磨损的减少有显著作用。如氧化铬、氧化铝、氧化钛陶瓷涂层加涂于泵轴和磨损表面，不但能够减少磨损损失，还能有效地解决石化工业的"跑、冒、滴、漏"，在反复的实践中已经被证明是极为有效的，这引起了摩擦学界的极大关注，被美其名曰"反磨损卫士"。

　　高温耐磨陶瓷涂层是通过各种涂层技术（主要是热喷涂技术，如等离子喷涂、电弧喷涂、高速火焰喷涂，爆炸喷涂及激光喷涂等）在基体（一般是金属摩擦零件）表面涂敷一层陶瓷涂层，而陶瓷材料由于具有高熔点、高硬度、高化学稳定性、摩擦系数小等优点，基于这些优点，若将陶瓷涂层与金属形成复合体，则既有陶瓷材料的耐热、耐磨、耐腐蚀性能，又具有金属材料的良好性能，大大减少摩擦与磨损带来的危害，从而延长了金属基体的使用寿命。

等离子喷涂技术是利用电弧等离子体作为热源，将粉末材料熔化，经高速气流雾化撞击于基体材料表面形成涂层，具有温度高、工件不带电、可喷涂材料范围广、基体材料范围广、基体受热损伤小、涂层质量高等优点，因此备受关注。常用的等离子喷涂陶瓷材料主要有氧化物和碳化物，由于涂层的可加工性能好，经研磨抛光，涂层表面的光洁度可小于 0.02 微米。所以这种涂层广泛应用于很多领域：Al_2O_3-TiO_2 陶瓷涂层在泥浆泵活塞杆、柱塞泵柱塞绝密封体、液压系统蝶形阀 - 放泄阀塞和密封件、气缸衬套等方面得到广泛应用。而在刀具、涡轮、轴承等耐磨损中 Cr_3C_2-NiCr 这一理想的抗摩擦磨损涂层也发挥着极为重要的作用。

高温耐磨陶瓷涂层在反磨损领域必将给人们的生活带来更多、更大的方便。

认识稀土材料

在科学家们的不懈努力下，神奇的"稀土"家族已经逐步为人类所认识和应用。为了让它们更好地造福人类，那么深入地研究稀土家族，充分发掘稀土兄弟们的潜能是很有必要的。元素周期表中原子序数为 57~71 的钪、镨、铕、钇、镧、铈元素都属于稀土材料。

关于"稀土"的历史要追溯到 18 世纪。当时这类矿物相当稀少，提取它们又很困难，它们的氧化物又和土壤中的金属氧化物很相似，因此被命名为"稀土"。"稀土"元素之家的 17 位兄弟，在约 110 种元素的大家庭中位置独特，但其实力却很雄厚。而且，稀土并不是稀少之土，也不是罕为人知的土。实际上，稀土不稀，地球上稀土含量比熟悉的铅、锌还多，远远超过金、铂等，其储量可供人类开采 500 年以上，远比铁（100 年）、锌（30 年）、铜（40 年）长。

稀土在日常生活中经常碰到。走进商店里，五彩缤纷的玻璃器皿里加有稀土材料；各种各样的陶瓷工艺品，是用稀土作为着色剂；打火机里的火石也属于稀土材料；千家万户用的电视机荧光屏涂的就是由稀土材料制作的彩色电视荧光粉；节能荧光灯中掺有稀土元素，以及激光光源与激光玻璃里也有稀土元素。

稀土材料还有多方面的重要用途。含有少量稀土催化剂的汽车尾气净化剂，不但活性高，而且效果好。稀土光学玻璃使照相机的镜头更透明、更均匀，照片中的人物花草就更清晰、生动和逼真。另外，钢铁工业中需要稀土作为必需的添加剂，石油化工产品需要稀土作催化剂，此外，在材料工业中，发光材料、永磁材料、磁光材料、储氢材料、磁制冷材料、磁致伸缩材料都要以稀土为主，激光材料、超导材料、光导纤维、燃料电池等也都离不开稀土，这一切的一切，都体现了稀土材料的优越性能。

发光材料是稀土材料吸收了紫外光的能量后，材料内部的原子要从稳定状态跃迁到高能态。但原子的高能态是不稳定的，它要自发地跃迁回稳定状态，在跃迁回稳定状态时原子要向外发出光子。我们看到发光材料绚丽的色彩就是原子向外发出的光。不同的稀土材料会发出不同波长的光子，所以我们就会看到不同颜色的光。

紫外线灯光下人民币的防伪油墨和荧光纤维

在钱币的防伪方面，人们把某些纸币放在紫外光下，除了可看到用荧光油墨印的数字、图案发出光亮外，还可见到在纸张中有一些不规则的发出蓝色、草绿色光的短线。这些在紫外光下能发出多种颜色的线条就是荧光纤维。荧光纤维是在可以纺成丝的高分子化合物里加入了在紫外光下可以发出荧光的稀土元素的无机化合物，或是加入可以发出荧光的有机染料，然后利用纺丝技术制造而成。

聚对苯二甲酸乙二醇酯（制成的纤维就是我们通常说的聚酯纤维、涤纶或的确良纤维）、聚己内酰胺（就是我们说的尼龙）、聚丙烯等，它们在高温下可熔融成黏稠的液体。我们可把稀土元素的无机化合物和这些高分子化合物混合，加温融化后，并从很小的孔中挤出，经过冷却、拉细等过程，就可得到荧光纤维。使用不同稀土元素的无机化合物，在365纳米紫外光下，可发出不同颜色的光。因为大多数有机的荧光染料，在高温下会发生分解反应，失去发出荧光的性能。因此对这些要通过高温熔融加工的高分子化合物，其中加入的荧光材料只能是稀土元素这样的无机化合物，而不能用有机荧光染料。

还有的高分子化合物可溶解在某些溶剂里。如聚丙烯腈（纺成的丝就是人造羊毛或叫腈纶）、纤维素、聚乙烯醇（制作维尼纶的原料）等。用这些高分子化合物作原料溶解于一定的溶剂里，再在这些溶液里加入超细的，能在紫外光下发出荧光的稀土化合物，或是有机染料。然后在特殊的容器里，通过细小的孔洞把这些溶液挤入凝固剂的容器中，使高分子化合物凝固起来，再经过拉伸，便可得到发荧光的纤维。

把这种发荧光纤维切成一定长度的短纤维，混入造纸的纸浆中就可以造纸了。这种纸在普通的光线下看上去和普通纸张没什么两样，可放到紫外光下，就会发出不同色彩亮光的细线来。这种纸张除了用作纸币的防伪外，还可以用于制造一些防伪要求较高的票据或特殊文件的书写纸。

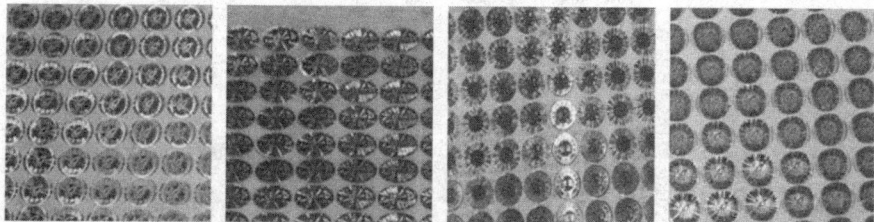

形形色色的防伪商标

一些防伪的商标也是用荧光纤维制作的。这种商标上的文字或图案在紫外光下，会发出鲜艳的光亮来。在防止高档面料的假冒伪劣方面，荧光纤维也大有可用之处。我们可在织造面料的过程中，在其布边中嵌入一根荧光纤维，可以利用紫外光下布边能否发光这一现象，来判别真假。

随着社会的发展，科技的进步。科技工作者又开发出了能在700~1600纳米之间的红外光下发出荧光的稀土化合物。用同样的方法，还可制造出能在红外光下发出荧光的新纤维来。科学总是在不断前进的，说不定什么时候，我们人类又制造出其他更新奇的荧光纤维，人类将从中得到更多的益处。

超导现象

　　某些物质在极低温条件下呈现电阻等于零和排斥磁力线的现象称为超导现象，这些物质就是超导体。现已发现元素周期表中有28种元素、几千种合金和化合物为超导体。

　　1911年荷兰物理学家开默林·昂内斯在液氦温区测量汞样品的电阻率时发现超导现象，发现了电阻等于零是超导体的特性；还有一个特征是当超导体处于超导态时，体内的磁场恒等于零。现在超导体在一些科技领域已开始进入实用阶段。

　　超导体为什么在临界温度以下会具有零电阻特性呢？我们拿金属来说，

发现超导体现象的先驱开默林·昂内斯

常温下金属的原子失去外层电子成为正离子，规则排列在晶格的结点上，作细微振动。而摆脱束缚的自由电子则无序地充满在正离子周围，形成了"电子云"。在一定电压的作用下，自由电子作定向移动形成电流，在运动中受到阻碍。而随着温度的下降，当降至临界温度之下时，自由电子将不再完全无序地"单独行动"。因为晶格的振动，每两个电子将成队结合成"电子对"，温度愈低，电子对愈多，结合愈牢固，不同电子对之间相互的作用力也就随之越小，对电流的阻碍作用也就愈小。这是科学家对金属超导现象作出的解释。

超导体的抗磁性

　　超导体冷却到临界温度以下而转变为超导态后，如果周围的外加磁场没有强到破坏超导性的程度，超导体就会把穿透到体内的磁力线完全排斥出来，在超导体内永远保持磁感应强度为零。超导体的这种特殊性质被称之为"迈斯纳效应"。

超导体的两个基本特性是迈斯纳效应与零电阻现象，它们既互相独立，又密切联系。使人们认识到超导体的行为并不是可逆的，在此之后，人们对超导体的基本性质有了全面的了解。

超导磁悬浮

在某一超低温度下材料的电阻突然变为零是超导体的电学性能，在研究中科学家们还发现，材料在超导态时还具有完全抗磁性的特征。超导体在超导状态时的完全抗磁性效应是超导体的磁学性能。在中国科技馆里的超导磁悬浮演示装置就是利用了超导体的这个磁学性能。

超导磁悬浮演示装置由钕铁硼材料制作的永久磁铁轨道、钇、钡、铜、氧材料制作的超导块和小车组成，超导块放在小车车体内。演示时，先向小车体内倒入液氮。为什么要倒入液氮呢？因为液氮的温度非常低，达到 -196℃。大家都知道，地球上最寒冷的地方是南极和北极，但那里的温度最低也就是零下80℃左右，所以 -196℃是一个非常非常低的温度，这样低的温度足够使超导块从正常的状态变成超导状态。

倒入液氮后，由于小车在磁轨道上方受到重力作用下落，使车内的超导块承受一个非均匀的磁场，这个磁场在超导块内会感应出屏蔽电流。而屏蔽电流产生的磁场与轨道磁场相互排斥，且排斥力大于重力，车体就悬浮起来了。另外，在冷却过程中，由于超导块的磁钉扎的作用，能使小车稳稳地悬浮在轨道上方。所以我们只要稍微一用力，小车便飞快地跑了起来。

超导磁悬浮列车的制造就是利用了这个原理，由于超导磁悬浮列车的车轮悬浮于轨道上方，没有摩擦，超导磁悬浮列车的时速可达 550 千米，我国西南交通大学和北京有色金属研究院联合研制的超导磁悬浮样车能坐五个人。乘坐这种列车从北京到上海也就两个多小时。

超导磁悬浮列车

磁悬浮列车可分为常导吸引型及超导排斥型两大类。常导吸引型磁悬浮列车，是以常导磁铁，导轨为导磁体，通过异名磁极间相互吸引使车身离开导轨，用气隙传感器调节悬浮间隙（悬浮高度 10 毫米），适用于城市及近郊中低速的交通运输，成本较低。超导排斥型磁悬浮列车，是靠超导磁铁和低温技术来实现悬浮运行的，悬浮高度为 100 毫米，由侵入低温（-268.8℃）槽内的超导处理制成电磁线圈，安装在车上，这种线圈电阻为零，由它产生强大的磁场，与埋没在轨道上的闭合铝环线圈的感应磁场相互作用，互相排斥而浮起，此种类型磁悬浮列车可超高速运行（理论上速度可达 1000 千米／小时）。

磁浮列车所采用的电磁原理是 1922 年德国工程师肯佩尔提出，并在 1934 年获得这项专利。但此后该技术一直处于"纸上谈兵"状态。直到 1969 年德国才开始研制，德国磁浮列车技术至今已经历了 8 代，设计时速高达 500 千米，实际运行时速为 400 多千米。

正在运行中的上海磁浮列车

2002 年 12 月 31 日，时任国务院总理朱镕基和德国总理施罗德专程前往上海，出席上海磁悬浮示范运营线通车典礼，作为首批客人两国总理从龙阳路站同乘列车前往终点站——上海浦东国际机场，标志着世界上第一条采用德国技术建造的商业化运营高速磁浮交通线终于在上海"奔驰"起来。而此时此刻，只与朱总理在德国拉腾试坐磁悬浮列车实验相隔约两年半时间，上海在如此短的时间内建成了德国人争论达数年之久的磁浮列车商业运行线，着实让德国人见识了"真正的中国速度"。

石头造纸

纸的出现经历了复杂曲折的过程，就连最古老的历史也是同纸联系在一起的。纸的祖先是苏美尔人的黏土方块、中国人的甲骨、埃及的纸草、古希腊的羊皮、罗马的青铜器和铅器、印度的贝壳鱼鳞片、印加人的棕榈叶、中世纪欧洲的小木质蜡板、俄罗斯的桦树皮……在这些形形色色的"纸"上，记载了世界各族人民对人类文明历史所作的贡献。随着社会的进步，文化的繁荣，需要有越多越好的纸来满足人们的需要。

由破布、鱼网制成的中国纸在公元 2 世纪开始向世界各国传播，并逐渐替代了前面说到的那些"纸"。到了 18 世纪，这种由稀缺原料单张造纸的老方法，已经不能满足时代的需求，需要产生一种新的造纸方法来替代，而且原料要丰富，价格要便宜，产量要高。

荷兰人在 18 世纪初，首先创造了打浆机；法国人罗勃特于 1799 年，发明了长网式造纸机；德国人开勒于 1843 年，发明机械木浆；英国人华特于 1853 年，发明了碱法化学木浆；法国人马利尔于 1854 年，发明碱法煮草制浆；美国人铁尔曼于 1867 年，发明了亚硫酸盐木浆；德国人密脱利契直到 1874 年，才开始工厂化生产纸张。至此以后，造纸从手工场的手工生产发展到工厂的机械化生产，从生产单张纸到生产卷成筒的滚筒纸。电气工业发达以后，造纸技术又不断有新的突破，揭开了历史的新篇章。

如今，全世界的经济文化快速发展，对纸的需求量不断增长，而森林资源已严重不足，因而纸又面临着短缺和供应紧张的局面。

从 1960 年以来，石油化学和高分子合成技术的成就，为造纸原料开辟了新的路径，世界造纸行业出现了被称为第二代纸张的"合成纸"。

造纸用木浆的老框框被打破了，前苏联科学家文丘纳斯为解决"纸荒"找到了新的出路，即用石头来造纸，就是首先寻找适合造纸的石头：玄武岩、凝灰岩或沙子。

文丘纳斯采用科学方法制造了一种特殊的装置，这种装置能够每分钟从玄

235

武岩溶液中拉出一束 2 千米长的又好又薄的纤维。所得的半成品薄页很像深棕色的复写纸。再经过一道工序，即加点白土粉之后，出来的便是雪白的长条纸。虽然这种纸比普通纸薄 4/5，但却比普通纸结实好几倍，倒有点像稻草纸。"石头纸"由于抗拉强度好，能够使印报机的速度提高好几倍。据实践认证，印在这种纸上的各种画都十分鲜艳，它的着色性好。这种纸摸起来又光又软，甚至很难相信它是石头做成的。同一般纸相比，它可以经受多达几千次的折叠。它不怕火、水和细菌，同时又容易进行再加工。由于有了它，将使几千万公顷的森林得以拯救，河水也会因此变清。

据发明人介绍，传统木浆纸张每生产 1 吨要用 4 吨木片，相当于砍伐 23 株大树，而这种"石头纸"原料来自普通的采石场，不必砍伐树木，生产过程也没有废水、废气的排放。它是以大量的无机矿粉完全溶入少量的无毒性树脂内，制成环保纸，用后即可自行脆化回归大地，不会造成二次公害。而经过回收的纸张若送进焚化炉焚烧，少量的无毒无害树脂经焚烧后，不会产生黑烟或毒气，而余留下的无机矿粉亦可回归大地、回归自然。

制造石头纸的原料玄武岩，是一种火山喷发岩，在地壳表层分布极为广泛，经常形成大规模的熔岩流或熔岩被。它通常被用作基建石料和熔铸耐酸铸石原料。在我国华北、华东等地都有分布。

"石头纸"将用于工业和农业的几十个部门，例如，用作长期保存的文件、防腐排水管、永久性的墙纸、隔热建筑结构和衣服……它引起了世人的瞩目。相信随着石头纸的大量生产，几千万公顷森林可以免遭砍伐，有利于保持生态平衡。

纸的种类

当今，造纸的原料越来越丰富，造纸的方法也越来越奇特，纸的品种更是五花八门。世界上大约有 1.2 万种具有不同特色的纸，它们有 10 万多种不同的用途，满足了人类各个领域的需要。

每天人们都得跟纸打交道，诸如读书、看报、写字、画图等。新闻纸纸面平滑，吸墨性好，有一定强度，用高速印刷机每分钟能印出 500 份以上的报纸来。那些杂志、书、画报等是用凸版纸、胶版纸、铜版纸在凸板、胶版印刷机上印刷出来的。

邮票和钞票，是用邮票纸和钞票纸在凹版印刷机上印出来

世界各国和地区花花绿绿的纸币

的。凹版纸要求纸质洁白坚挺，具有很好的平滑度和耐水性，印刷时不能有明显的掉粉、起毛及透印现象。用手抚摸，图纹有立体感。钞票纸的质量要求很高，要洁白、平滑、坚挺、柔韧、抗水性高等。钞票上往往加有"水印"，用来识别真伪。这种纸是用棉浆、麻浆和其他化学纸浆原料制造的，用一个刻有图案的钢辊在上面轧过，就形成了"水印"。

曾经发生过这样一件事：有个地主拿了一张借条，向法院控告一个农民，要求归还几十年前欠他的一大笔债。农民向法官喊冤，申诉说那笔债早就还清了。法官不信，说要把农民关押起来。农民只得去求助他的朋友。有个在纸厂工作的工人听了农民的介绍后说：如果这张借条是用他们厂里生产的纸，就有办法

证明农民的清白。第二天，这个工人到法庭上一看，这张纸恰巧是他们厂生产的。他理直气壮地说："这完全是诬告！"法官惊讶地问："你敢胡说？"工人毫不畏惧地说："我敢作证：这张借条是假的——因为它是我们厂里生产的纸。"法官生气地说："胡说，同样是一张纸，你怎么知道？"工人笑着说："我不但知道，而且还知道纸是哪一天生产的。你看这张纸里面的水印，明明是去年的日期，他怎么能在几十年前就拿这张纸来写借条呢？"农民终于依靠"水印"的帮助将官司打赢了。

纸多种多样，形形色色，红的绿的，平的皱的，有透明的不透明的；有的纸能吸墨，有的纸写上字，墨水不会渗开来……人们最早做的纸都是白色的，是为了写字的需要。

在 18 世纪时，英国的一个小纸厂无意中造出了彩色的纸。厂主正在捣一盆洁白的纸浆，他的妻子一不小心，把一袋子蓝色的染料掉进浆盆里去了。厂主赶紧捞，可染料却已经化开了。夫妻俩只有干着急，无可奈何地将这一盆纸做出来。谁知这些纸经过染色，变得更漂亮了，反而多卖了钱。从此，各种彩色纸就陆续生产出来了。

吸墨纸的制造也是在偶然中发现的。在 19 世纪时，英国的一个纸厂里，工人由于工作时间长，太疲劳了，忘记往纸浆里加胶，结果做出来的纸，在上面写字，一画一个墨团团。老板一生气，就把墨水全部都甩在纸上，墨水很快被吸干。这时候老板却反而笑了，他将错就错，就将这种纸当吸墨纸去卖，却很受人们的欢迎。

我国特产的"宣纸"，是用稻草、檀树皮等原料制造的。它外观洁白，白度可达 90°，略似荧光而又无荧光反射，而且颜色十分稳定，久藏不变色，不是一般的漂白纸能比的。它的内在质地柔韧，折叠几十次也不会断裂，浸水不易烂散，在书写时即使用墨饱满也不会破裂，因此有"纸寿千年"之说。用宣纸来绘制图画，墨在纸上渗化开来有层次，使书画具有立体感，但又无锯齿状，所以有"墨分五层"之说。用宣纸作的画，笔墨浓淡有致，色泽鲜明，人物栩栩如生。宣纸同一般纸相比所不同的地方是，墨能进入纤维中，因此虽经几百年，仍然有"纸墨之光入目"之感。在工业上，宣纸还是良好的滤纸和吸墨纸。

福建生产的一种"连史纸"，是用竹子制造出来的，适宜练习写小楷。我国精制的灯芯草纸，做成的纸花美极了！英国公主加罗蒂曾用 70 个基尼的金币购买这样一朵花。描图纸是要求透明的，制造的时候要尽可能把纤维里的空

在宣纸上绘的画，历经数百年仍然栩栩如生

气挤出来。玻璃纸造得像玻璃一样透明，还能透过紫外光线。它不是用纤维做成的，而是用最纯的纤维先在药液里溶化开，变成胶水那样，再做成纸。

在纸浆里只要加入一种药品，便可制成一种"保密纸"，用作银行票据纸和国际上签订条约文件的纸，一旦有人涂改文字，就能看得出来。

为了满足各种不同的需要，人们还给纸穿上了"外衣"。想要什么样的纸，就涂上什么样的东西。

在纸的表面涂上一层胶，再涂上一层感光的药，就造出了照相用的胶片。用一种蓝色或红色的油质的墨涂成的纸就成了复写纸。在纸的两面涂上一层蜡就成了蜡纸。把人造的金粉、锡粉、银粉涂在纸上，就成了金纸、锡箔。把纸浸在柏油或硫酸里，就造出油毡纸和硫酸纸。有一种气相防锈纸，用它包裹的金属零件可以保持几年不生锈，因为它的里层涂有一种防锈液，外层涂有一层塑料薄膜。在纸上涂上荧光、磷光颜料，可以做出发光纸，用于印刷特殊地图、仪表表盘和装饰品。

奇特的纸世界

电子计算机刚问世的时候，穿孔纸带是计算机的"语言"或"程序"。电子计算机在一秒钟内能计算几百万次甚至上亿次，倘若没有穿孔纸带协助，那是不可想象的。纸还会"说话"呢。这就是录放机使用的磁性纸。磁性纸是在原纸上涂上一层磁性物质，加工成磁性膜的样子。

人造卫星遨游太空时候的通信联络等设备的电源都是依靠微型电池来提供。一个微型电池仅有纽扣般大小，一个电池组也不过一大块巧克力糖大！在这样小的电池里，还要用一种隔膜纸来隔开两个电极，它是以合成纤维为原料，很薄，但强度大，耐碱性好。汽车、拖拉机、飞机在行驶中，都要不断消耗燃料油、润滑油和空气。这些东西里都混有杂质，需要过滤装置把杂质去掉，以防机器磨损发生故障。目前，有一种理想的过滤材料——"三清滤纸"，它是以棉花为原料，制成纸后再经过酚醛树脂处理制成的，能使燃料油、润滑油和空气变得更干净，既耐磨、防水，又有很好的防腐性。

化学实验室用的酸碱试纸，可以从它的颜色变化知道溶液的酸碱度。根据这种原理，我国研制成功了一种血红蛋白纸，可以专门测定人体血色素的含量。有一种色层分析滤纸的使用范围非常广，它可以帮助人们分析矿物中所含的元素，鉴别粮食、蔬菜、水果中的营养成分，还可以检查多种病毒等。

同是糊墙纸，却用途不同。在房间墙壁上贴上隔音糊墙纸，隔墙的声音就传不过来了。有一种能调节室内温度和湿度的糊墙纸，它是由三层纸压在一起制成的。外层有许多小孔，中层是一个"小仓库"，当屋内温度太高或湿度太大时，它能吸收和容纳多余的热量和水分，使室内不热也不湿；当屋里太冷或太干燥时，这个"小仓库"就放出它储藏的热量和水分，使屋里不干也不冷。

长寿纸是日本王子制纸公司开发出的一种高级纸，它能够保存很长时间而不老化变质。含有残留木质素的普通纸极易受到酸性气体的腐蚀而老化，而优质纸在数十年之后，也会变质。王子制纸公司使用一种特殊的药品，对纸浆进行两次漂白，大大减少了木质素的残留量，从而防止了纸张的老化，并提高了纸的洁白程度，用它书写或印刷学术论文、年鉴、辞典等，能保存千年而不褪色、泛黄或老化。

美国一家医院的大夫在20世纪40年代，第一次穿纸衣服在手术室工作时，曾轰动一时。纸裙、纸内裤、纸童装、纸衬衣在20世纪60年代后相继问世，这些纸衣服有各种花色，抗拉强度和柔软性很好。此外，还有纸衬领、纸领带、纸袖口等，也很柔软和美观。

包装用纸也有许多种。箱纸板、白纸板、瓦楞纸等制成的纸箱、纸盒，容易折叠，比木箱、塑料容器、麻袋等都要轻便，利用率非常高，生产效率也高。能防震抗撞，密封性能好，外形整洁，而且容易拆开处理。

纸建筑也随之闯入了人们的生活。有一段时间，美国为了给数以万计的流动农业人口提供住处，推出了一批应急的纸房子。虽经过风霜雨雪，可它们依然坚固如初。这种纸房子是用优质纸板材料建成的，纸板厚度为127毫米，内充化学物质，外附玻璃纤维织成的网状物和树脂，可承受每平方厘米60千克的压力，且防水、防虫、耐高温。据专家估算，这种纸房子的有效使用期限至少为15~20年。

瑞典的一位科学家通过添加多种化学合成物，制成了一种新型波纹纸板，其硬度不但可以和钢铁相媲美，而且保持了纸板质轻的特点，而且具有良好的耐火、耐热和防水性。如今，已有一个国家用这种纸建成了一座跨度15米、宽3米的纸桥，桥上可通过重达3吨多的吉普车。

纸的世界真是个万花筒，千变万化，日新月异，说也说不完。

战争金属和宇宙润滑剂

　　人们在几个世纪以前，便用辉钼矿来制造石笔了。就是截至目前，希腊还把铅笔叫作"莫利博德纳"。其实希腊人很早就知道方铅矿了，并把这种矿叫作"莫利博德纳"。可是，这种矿物中还夹杂着辉钼矿，由于辉钼矿同方铅矿十分接近，人们就认为它们是完全一样的。

　　1778 年瑞典化学家舍勒发现辉钼矿可能是一种未知金属元素的硫化物，1782 年瑞典化学家耶尔姆从辉钼矿中分离出钼。据测算，钼在地壳中的含量为 0.00015%，居第 53 位。主要矿物有辉钼矿、钼铅矿等。

　　人体内肝脏、骨骼和肾脏中都含有钼。钼是形成尿酸不可缺少的微量元素，同时也是某种酶的重要构成要素，参与人体内铁的利用，可预防贫血、促进发育，并能帮助碳水化合物和脂肪的代谢。钼是将核酸转换为尿酸酵素的重要构成要素，而尿酸是血及尿中的废物，在制造尿酸过程中钼是不可或缺的；此外，钼也能解毒体内过多的铜。食物中钼含量视谷物或蔬菜生长的土质状况而定，一般只要饮食正常便不会缺钼，原子序数为 42，原子量为 95.94。元素名来源于希腊文，原意是"铅"。

　　块状的钼为银白色，粉末状钼为黑色；熔点为 2610℃，沸点为 5560℃，密度为 10.2 克 / 立方厘米。金属钼高温时也能保持高强度和高硬度。

　　通常情况下金属钼是稳定的。高温时能与水和空气反应；钼与氟在室温下即反应，加热时能与其他卤素反应；高温下能与碳、磷、硫、硒、碲和硅反应，生成相应的二元化合物；钼与碱性溶液不发生明显反应，不与大多数酸反应，在王水中能缓慢地溶解。

　　20 世纪初，钼产量只不过几吨。第一次世界大战期间，钼产量几乎增加了 50 倍。到了第二次世界大战期间，钼产量高达 3 万吨，用来制造钼钢，大量用于战争，所以人们称它为"战争金属"。

　　在生铁中添加少量的钼，可以使铸铁增加强度和耐磨性；掺入钼的合金钢，具有高强度、高韧性和突出的耐热性和耐腐蚀性；钼的配位化合物可做氧化还原反应的催化剂，也可做其他催化剂的活化剂和助催化剂；钼在动植物的生命过程中也具有重要的作用，钼还直接参与植物的固氮作用，是重要的微量肥料。

金属钼用来制造真空管里的栅极、阳极。白炽电灯经常用钼来做钨丝的托架。纯度为 99.999% 的钼丝，可用做集成电路的导线。用钼丝可以制高温热电耦，测量不超过 2000℃的高温。钼还可用来绕制大功率的真空电阻炉。

钼的化合物也有许多用途。二氧化钼在石油炼制和煤的汽化等化学工业中，是一种重要的催化剂。钼酸盐有各种各样的颜色，可用于陶瓷、塑料、毛皮、纺织和制革工业。在熔化的玻璃中添加钼，可以制造出一种会变色的玻璃，白天呈蓝色，晚上变成透明的。

我国的钼矿储量位居世界前列。硫化钼像石墨一样又黑又软，两者很难区别开来。它们的晶体都是层状结构，就像是没有装订好的书，各页之间可以相互滑动。若用硫化钼和石墨来做固体润滑剂，效果都很显著。

如在宇宙航行中，用普通润滑油来做机器的润滑剂，油很快就会挥发干净。若采用石墨润滑，由于石墨表面的水膜在真空中不能存在，所以也无法使用。唯一能够在真空中担任这种角色的是硫化钼，"宇宙润滑剂"便是这样得名的。

钢铁也要防护衣

人们日常生活中使用的东西，有很多是用钢铁来制成的。它们暴露在空气中，经常会因遭到有害气体、湿气、微生物等的侵袭而锈蚀。

为防止钢铁锈蚀，人们给钢铁穿上了一层"外衣"，既能使之延长寿命，又能美化其外貌。在钢铁上涂刷的油漆，一般分为两类即防锈漆和防腐漆。防锈主要是防止钢铁在大气、水中及地下环境中因自然因素引起的锈蚀；防腐主要是防止钢铁受化学药品或化学烟雾等的腐蚀。

在钢铁涂漆时，经常先要刷一层红棕色的防锈漆，它含有一种叫作铁红的防锈颜料。铁红是氧化铁，化学成分同铁锈差不多，就是分子结构不太一样，性能也不同：一个使钢铁锈蚀，另一个使钢铁防锈。人们还想出了一个好方法，制成了一种带锈漆，这种漆可以通过锈层深入钢铁表面，把粗糙的铁锈颗粒包起来，同时发生化学反应，使铁锈变成稳定的能防锈的材料。有了带锈漆就方便多了。只要把钢铁表面的浮锈刷掉，就可以在铁锈上直接涂刷带锈漆。

沿海港湾的码头、水下建筑、各种船舶底部，常寄居着藤壶、牡蛎、凿船贝、穿孔虫等海洋生物。它们虽然小，但只要附着在船体上，大量繁殖，船体顿时就加重。据测算，一艘万吨轮船每年就要增加几百吨重量。这样，就会减慢行船速度，消耗更多燃料。

人们设法制造出了一种船底漆，它由防污漆和防锈漆组成，再掺入一些氧化亚铜、氧化汞、六六六等含毒化合物。船底涂上这种漆后，就可以使海洋生物不敢粘附，或者接触了船体后死亡。这种漆还可以防止海水的腐蚀。

化工厂的冷凝器管，由于受氯化物的影响，常很快受到破坏，即使使用不锈钢也无法避免。如果采用普通钢材，再涂上防腐漆，就能达到很好的防蚀目的，成本也比很多耐蚀材料低。

油漆中总是含有大量的溶剂，如汽油、香蕉水、甲苯、火油、松节油等。溶剂可以调配油漆的黏稠度，使漆膜发光，不过它带有刺激性的气味，有剧毒，容易挥发、燃烧和爆炸。现如今，人们已制成了无溶剂漆。诸如在涂刷机件时，将固体粉末状的无溶剂漆同加工机件装在一个密封的容器里，在一定的温度下，充进压缩空气，使粉末状的油漆飘散粘附在机件上。无溶剂漆光泽鲜艳，漆膜坚韧，无气味，无毒，还有良好的绝缘、抗水、抗油和耐磨性能。

一般我们都是采用刷、浸、喷的方法给钢铁穿上"外衣"的。我国从 20 世纪 60 年代起，出现了一种电泳涂漆的新工艺，已在汽车、自行车、仪表、电风扇、玩具等工业中广泛应用。这种工艺是将一种能够溶解的水溶性涂料，在电场的作用下电离成带负电的粒子，再将工件放在这种水溶性涂料中，通电后，电离粒子向正极移动，两分钟后，工件的表面就涂上一层美观、光亮的电泳漆了。

不用纺织的布

不用纺织的布即"无纺织布"，是集各种加工技术而成的新型纤维和复合材料，容易印染，可随意加上丰富的色彩是它最大特点。它可以薄如蚕丝、也可以厚如皮草帮你挡风；它可以让你清纯妩媚、更可以令你雍容华贵。那么它是怎么一步步发展起来的？又有哪些用途呢？

我国古代的"兽毛成毡"和"丝絮成布"，可以称得上是最早的无纺织布了。

自新石器时代以来，人们就在草原上放羊和骆驼了，还把剪下的羊毛、驼毛铺在地上坐、卧。时间长了，松散的兽毛在压力、湿气和热的作用下，逐渐变成了紧密的毛块。人们发现它比松散的毛有用得多，由此开始了制毡。制毡技术到周代时，已经相当成熟了。

春秋时代，出现了丝絮布。当时的宋国，桑蚕业很兴盛，手工织品很发达，人们把那些难以缲丝的茧，用水煮脱胶后，在石板上棒打水洗，然后放在帘上晾干，收去上层松软的丝绵，剩下一薄层叫作"丝絮布"的短丝片。它可以做布帛的代用品，也可用作写字的"纸"。

现代的无纺织布是在20世纪40年代发展起来的。国际市场上出现的胶黏纤维品，人们叫它"胶粘布""不织布"。无纺织布有干法、湿法和纺连法三种加工方法。干法就好比古代的"兽毛成毡"。人们把短纤维络合成纤维层，再用合成胶黏剂胶合固化。湿法好像"丝絮成布"，也类似古代造纸。即将较长的化学纤维同一些水浆混合，经过稀释、分散、脱水，变成纤维层，干燥后再用胶黏剂处理。纺连法有点近似于织物的特点，将聚合物熔入纺丝制成的连续纤维，拉伸后用热气流在一台输送器上排集，制成无纺织布。

无纺织布有很多独特的优点：纤维纵横交错，有许多网孔，过滤性能好；挺括，弹性好；保暖性特别好；还有优良的耐热性、电绝缘性。天然纤维、化学纤维以及它们的下脚料，都可以做无纺织布的原料。无纺织布制造方便，价格便宜，特别适用于制造用过即弃的产品，代替布、纸和皮革。

目前，无纺织布已成为一种新型材料，广泛应用于各个领域。

在工业上无纺织布主要被用作各种过滤材料、绝缘材料、屋面材料、管道包覆材料、泥路铺盖材料等。在沼泽地面上，铺上一层无纺织布，再在上面铺一层砂石，能修筑出路面稳定的道路，经久不坏。

无纺织布在医院很受欢迎。它可以用作病床的床单、被单、枕套、绷带、纱布、病号服等。它品种多样，五光十色，也可以作为家庭用品，如毛巾、围裙、抹布、桌布、地毯、壁纸、窗帘、装饰品、卫生用品等。

美国于1960年，把印花薄纸用人造丝布增强后制成无纺织布，首先投放国际市场，这种所谓的"纸服衣料"顿时成了时髦的畅销货，风靡西方，其他国家和地区也纷纷效仿。

现在的足球运动场，已用那些没有生命的人工草皮取代绿茵茵的草地。它是用一种化学纤维黏合而成的无纺布，共分三层：表面层是用回弹性好的聚酯纤维（涤纶）或聚氨酯纤维（氨纶）胶合成的薄丝绒，形状就像细草地，松软而富有弹性；中层是用改性聚丙烯纤维（丙纶）做成的黏合布，它有很好的渗水性；最底层是用高吸水纤维做成的排水材料。这样，即使大雨倾盆，地面也不会积水泥泞，球赛可照常进行。

相信随着社会的进步，科学水平的提高，无纺织布会越来越受到人们的重视，成为新时代的佼佼者。

天生娇贵的触摸变色布

由温度变化而引起的色彩与图案的变化的产品，醒目而且新奇，颇受广大消费者的欢迎。有的产品具有测温或调温功能，赋予纺织品以独特的功能。

英国的一次时装表演上，伴随着优美的音乐，随模特身体的摆动和起伏，引起衣服的服贴、飘扬，服装便变幻出彩虹般的动感视觉效果；微风袭来，吹起了裙袂和飘带，模特身上又呈现出新的色彩，将时装展示会的气氛推向了高潮。这不仅体现了服装艺术的魅力，也更展示了科学技术的神奇。

用热敏印花技术印制的一种装饰画。由于布面中加入了变色剂，当温度在一定范围内变化时，变色剂中的高分子结构发生了改变，从而引起颜色的变化。所以将身体某个部位，如手、脸贴在布面上几分钟，您就会惊奇地发现：接触部分的颜色变了，清晰地留下了你的手印儿或脸蛋儿的印记。若手在布上摩擦一下，也会变色。

还有一种变色T恤衫，变色温度介于体温与室温之间，图案色彩鲜明，变化明显，过渡协调，颇具风格。热变色印花的游泳衣利用水温与体温的差异，形成了色彩和图案的变化，非常醒目。用热敏涂料染色制作的工艺绢花，室温改变时，花的颜色也随之改变，所以可以根据花的颜色来判断室温。

由于热敏印花技术中使用的变色剂是可逆变色型的。所以这些织物可以反复使用，也就是说，当温度改变达到变色温度时织物出现颜色，温度降低后会消失。但是，当温度再次恢复到变色温度时，同样的颜色还会出现。还有一种变色剂，是不可逆型的，当温度达到变色温度时颜色改变，当温度再改变时，颜色却不再发生改变。

我们将七八种代表不同变色温度的各色不可逆变色剂制成的涂料，相间刷到航天器的表面。这样，不管它在天上飞，还是已经回收到地面，看到它的颜色，就可以知道它的局部温度。当然这只是一种设想，这还有待于科学人员进一步研究和实践。

功能性建筑涂料

功能性建筑涂料是伴随着现代涂料的发展而得以应用并逐步发展起来的，它已成为现代涂料的重要组成部分，其应用与发展受到生产、使用等各个方面的重视。近年来，随着我国建筑涂料的迅速发展，品种繁多的功能性建筑涂料也得到了相应的开发，其用途不断被拓宽，性能也在不断提高。

涂料除了具有装饰和保护两种基本功能外，其涂膜还能够通过光、电、热、机械、化学或生物化学以及其他方式进行能量的相互作用、相互转换而产生某种人们所需要的特殊功能，这类涂料一般称之为功能性涂料。相应地，除装饰和基本的保护作用外，还具有某种特殊功能作用的建筑涂料，则称为功能性建筑涂料。例如，防水涂料、防火涂料、防霉涂料、防腐涂料、防锈涂料等。

防火涂料的发展近年来主要集中在开发一些高性能或者环保型的新型品种上，例如水性膨胀型防火涂料、超薄型钢结构膨胀防火涂料、无机膨胀型钢结构防火涂料、预乳化硅氧烷改性的水玻璃基水性膨胀型防火涂料等。由于防火涂料能够满足有关建筑设计规范等的防火要求，还能够发挥出可靠的防火功能以及因为成本、施工便易性、结构空间的限制或约束等因素，防火涂料已成为建筑钢结构、混凝土楼板、木质隔墙等的主要防火材料，而在防火设计中得到首选使用，且多年来这种情况一直盛行不衰。

防水涂料的发展是在淘汰旧有品种的基础上研发新品种的。例如，双组分聚氨酯涂料，过去一直是煤焦油型的，但煤焦油的组分很复杂，且因煤种和炼焦工艺的变化而出现较大差异。煤焦油没有固定的分子结构，因而在煤焦油聚氨酯涂料的生产中没有稳定的配合比，产品质量难以保持稳定。此外，煤焦油的毒性使之在生产、施工过程中污染环境，危害健康。还有一方面就是石油沥青的耐老化和防水性能极好，用其取代煤焦油制备防水涂料除解决以上问题外，所生产的防水涂料其耐老化性也得到显著改善。

防水涂料因为其品种、性能、成本等综合因素，在众多防水材料（卷材类、刚性结构自防水类和热涂复类）中占据着很大的市场份额，具有防水性能可靠、寿命长、成本相对较低等特征。特别是双组分聚氨酯（沥青型、焦油型）防水涂料，在地下室外墙、底板、厨房、卫生间等结构部位成为首选防水材料；在屋面也得到大量应用，且工程应用效果良好。近年来新开发的水性丙烯酸防水涂料也得到较为广泛的工程应用，尤其是其环保性和健康安全性，得到施工人员的欢迎。

防霉涂料是实用性很强、应用非常成功的功能性建筑涂料。一些常受霉菌侵蚀的墙面、天花板等，往往在使用了某种高性能的防霉涂料后，因涂料广普、高效的杀菌能力而使受霉菌侵蚀困扰的问题迎刃而解。因而，在这些场合，防霉涂料已成为其他材料所无法替代的功能性材料，而且还对生产环境和食品卫生安全起到了重要作用。

而防腐、防锈涂料在防腐、防锈工程中一直起着重要作用，建筑防腐、防锈是防腐、防锈涂料新开发的应用领域，而涂料本身在性能上也针对建筑防腐、防锈的特征进行了改进，使之更适合于新的用途，在建筑防腐、防锈中也越来越显示出其综合的技术经济性能优势，而且伴随着其在钢结构防腐、防锈、混凝土输送管道防腐和一些储存容器的防腐、防锈中越来越多的应用，它已成为功能性建筑涂料的后起之秀。

此外，还有建筑保温隔热材料、防结露涂料等许多种功能性涂料，它们已为人类的生活带来很多的方便。

我们应该充分发挥各类功能性建筑涂料的技术经济性能优势，提高现有涂料品种的性能，研制开发新型品种的功能性建筑涂料，以期促进建筑涂料的行业发展和技术进步。